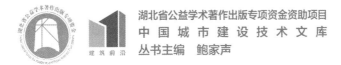

湖北省公益学术著作出版专项资金资助项目

中国城市建设技术文库

丛书主编 鲍家声

Research on Urban Resilience
in Response to Rainstorms and Waterlogging

应对暴雨内涝的城市韧性研究

王 峤 臧鑫宇 李含嫣 王逸轩 著

华中科技大学出版社

http://press.hust.edu.cn

中国·武汉

图书在版编目（CIP）数据

应对暴雨内涝的城市韧性研究 / 王峤等著. — 武汉:华中科技大学出版社, 2023.1
（中国城市建设技术文库）
ISBN 978-7-5680-8959-3

Ⅰ.①应… Ⅱ.①王… Ⅲ.①城市－灾害－风险评价－研究 Ⅳ.①P426.616

中国版本图书馆CIP数据核字（2022）第234619号

应对暴雨内涝的城市韧性研究　　　　王峤　臧鑫宇　李含嫣　王逸轩　著
Yingdui Baoyu Neilao de Chengshi Renxing Yanjiu

出版发行: 华中科技大学出版社（中国·武汉）	电话: （027）81321913	
地　　址: 武汉市东湖新技术开发区华工科技园	邮编: 430223	

策划编辑: 贺　晴	封面设计: 王　娜
责任编辑: 赵　萌	责任监印: 朱　玢

印　　刷: 湖北金港彩印有限公司
开　　本: 710 mm×1000 mm　1/16
印　　张: 18
字　　数: 298千字
版　　次: 2023年1月第1版 第1次印刷
定　　价: 99.80元

"中国城市建设技术文库"
丛书编委会

国家自然科学基金面上项目"应对暴雨内涝的京津冀地区城市建成环境韧性机理与设计原理研究"（52078327）阶段性成果

作者简介

王峤

博士，博士生导师，天津大学建筑学院副教授，城乡规划系副主任，国家注册城乡规划师，新加坡国立大学访问学者，天津大学北洋青年骨干教师。自然资源部高层次科技创新人才工程（国土空间规划行业）青年科技人才、天津市青年科技工作者协会"优秀青年科技工作者"。获天津大学沈志康奖教金、天津大学第二十三届"十佳杰出青年（教工）"优秀教书育人奖、天津大学黄大年式教师团队等荣誉。

中国城市科学研究会韧性城市专业委员会委员，天津市规划和自然资源领域科技专家，天津市城市规划学会理事，天津市城市规划学会规划理论与学术工作委员会副主任委员、智库专家和秘书长、城市生态与韧性规划专业委员会委员和智库专家、青年工作委员会委员，城乡规划专业（智能城市与智能规划方向）教育部虚拟教研室成员。

主要科研方向为城市韧性、城市综合防灾减灾、生态城市规划与设计等。近年来，主持纵向科研项目13项，其中国家和省部级以上项目共6项；参加纵向项目21项，其中国家和省部级以上科研项目14项。主编及参编著作12部，发表学术论文50余篇。论文获奖7项，指导学生获得国际国内城市规划类竞赛奖20余项，科研成果获厦门市科学技术进步奖，设计成果获中国土木工程詹天佑住宅小区金奖、天津市优秀城乡规划设计一等奖等9项。

臧鑫宇

博士，硕士生导师，博士生导师（团队），天津大学建筑设计规划研究总院有限公司高级工程师、所长，国家注册城乡规划师。兼任中国建筑学会城市设计分会理事、中国城市科学研究会韧性城市专业委员会委员、天津市城市规划学会理事、天津市城市规划学会规划理论与学术工作委员会副主任委员、规划实施专业委员会委员。主要从事城市设计、生态城市、韧性城市等方面的理论研究与实践工作。近年来，主持和参与国家级基金11项，省部级基金10余项。出版著作4部，参编著作3部，在国内外重要学术期刊和国际学术会议上发表论文80余篇。主持城市规划与设计项目100余项，获国家级优秀城乡规划设计一等奖1项，天津市优秀规划设计奖11项。

李含嫣

天津大学建筑学院城乡规划专业博士研究生，主要研究方向为韧性城市、生态城市设计等。近年来参与国家自然科学基金面上项目、青年项目，国家社会科学基金面上项目等多项课题工作，在国内外期刊与学术会议中发表论文8篇，论文获奖2项。

王逸轩

天津大学建筑学院城乡规划专业博士研究生，主要研究方向为生态城市设计、城市韧性、城市水环境规划等。近年来参与国家自然科学基金面上项目、青年项目，国家社会科学基金面上项目等多项课题工作，在国内外期刊与学术会议中发表论文4篇。

序

21 世纪以来，中国城镇化在取得辉煌成就的同时，也面临着生态环境恶化、资源和能源几近枯竭、人地矛盾不断加剧等诸多城市问题。尤其是以暴雨内涝为代表的城市灾害问题，造成了重大的经济损失和人员伤亡，引发了社会的广泛关注。目前国家对城市安全问题日益重视，应对以城市灾害为主体的突发性公共事件，构建有效应对极端气候灾害的城市系统，迅速提升城市的韧性水平，已成为包括城乡规划领域学者在内学术界的一项重要任务。本书是在国家自然科学基金的资助下所完成的一项阶段性研究成果。

城市韧性概念起源于加拿大，西方学术界对城市韧性的研究已经持续了几十年，涵盖了概念、属性、机理、评价体系、策略等方面的内容。近年来，韧性城市建设日益受到我国的重视，并作为"十四五"规划的一项重要内容。目前，提升城市韧性已经成为贯彻生态文明思想的重要内容，构建韧性城市也成为城市可持续发展的重要路径。尽管如此，对于我国的学术界而言，构建适合国情的韧性城市理论，提出顺应我国城市发展的韧性技术体系，建立城市防洪承涝的气候韧性标准，并通过韧性城市建设，有效地应对气候变化、解决暴雨内涝极端气候灾害问题，仍是一个具有挑战性的崭新课题。

作者顺应绿色、生态发展的时代背景，结合国家课题的研究，系统梳理了近年来有关韧性城市的科研成果，撰写并出版了这本应对暴雨内涝的城市韧性研究的论著。书中科学梳理了城市韧性的定义和相关概念，总结了以往相关研究理论，并以京津冀地区为例，探索了建成环境与暴雨内涝的韧性耦合机理，创新性地划定了建成环境韧性单元，系统地提出了韧性类型谱系和韧性承涝的规划策略，初步构建了城市韧性承涝的理论框架，并为韧性城市的建设实践总结归纳了可资借鉴的经验。这些成果将为国内韧性城市建设的健康发展奠定一定的理论基础。

希望本书作者在今后的理论和实践研究中继续努力，在韧性城市和生态规划领域继续探索，进一步加深和拓展中国城乡规划理论研究的深度和广度，为中国城市的可持续发展作出更多贡献。

曾坚

2022 年 9 月 1 日于天津大学

前　言

　　21 世纪以来，世界范围内的生态环境危机日益严重，生态文明成为时代的主旋律，绿色、低碳、安全、韧性、健康等一系列概念已经成为世界范围内城市发展建设的关键词。

　　全球范围内发生的城市灾害数量逐年上升，成为制约城市可持续发展的突出问题，韧性城市概念为传统城市的防灾方法提供了新的思路。随着韧性城市理念被纳入国家战略规划，在国家政策的支持和学术界的推动下，城市韧性概念逐渐成为社会各界关注的核心议题。

　　对城市韧性概念持续四十多年的研究已取得了较为系统的研究成果，但如何顺应新时代的发展，尤其是如何将其与我国的城市发展相结合，是一个长期的、复杂的问题。城市韧性不仅关注城市灾害本身，而且其研究范畴还涵盖了环境、经济、社会等有关城市可持续发展的众多领域。在城市防灾领域，城市韧性从新的视角探讨了灾害或环境变化对城市系统的影响，提供了城市防灾减灾和城市生态规划研究的新思路。

　　本书在国家自然科学基金的资助下，以我国京津冀地区为核心研究对象，以城乡规划学为基础，融合生态学、环境学、水利学等学科的相关研究，探讨我国城市应对暴雨内涝的韧性发展模式，属于研究的一部分阶段性成果。主要介绍了城市韧性研究的重要使命、韧性研究的起源与发展，以及当前的城市韧性研究概况。以城市韧性的定义、相关概念与基本属性为基础，详细阐述了暴雨内涝的相关研究基础和作用过程，结合国内外应对暴雨内涝的相关研究，基于全周期过程和多层次目标提出建成环境与暴雨内涝的韧性耦合研究体系，构建应对暴雨内涝的建成环境韧性理论模型。基于多学科的韧性单元划分标准，提出应对暴雨内涝的韧性单元划定方法和建成环境韧性类型谱系。基于建成环境韧性空间格局特征，提出基于仿真模拟的建成环境韧性提升策略。

本书旨在进一步探索并深化城市韧性的理论和方法研究，为我国城市的可持续发展和建设提供具有借鉴性的规划方法和策略。因作者理论水平和思想认知的局限性，写作过程中难免有所疏漏或者偏于主观、片面，希望各界同行批评指正。最后，感谢华中科技大学出版社及负责本书出版的贺晴编辑，他们为本书的顺利出版作出了积极贡献。

王峤

2022 年 9 月 1 日于天津大学

目 录

1 绪   论   001

　1.1 城市韧性研究的重要使命   002

　1.2 韧性理念的起源与发展   004

　1.3 当前的城市韧性研究概况   007

2 城市韧性的定义与基本属性   019

　2.1 城市韧性的定义   020

　2.2 城市韧性与相关概念辨析   022

　2.3 城市韧性研究中的基本理论   025

3 暴雨内涝的相关研究基础   029

　3.1 国内外应对暴雨内涝的相关研究   030

　3.2 城市雨水管理相关概念辨析   031

　3.3 国内外应对暴雨内涝的规划与实践   034

4 建成环境与暴雨内涝的韧性耦合研究   049

　4.1 基于全周期过程和多层次目标的耦合机理研究   050

　4.2 从"暴雨事件"到"内涝灾害"的全周期过程解析   051

　4.3 应对暴雨内涝的城市建成环境韧性理论模型   056

5 应对暴雨内涝的建成环境韧性单元划定 063

    5.1 基于多学科的韧性单元划分标准 064

    5.2 基于京津冀典型区域的韧性单元实证研究 072

    5.3 应对暴雨内涝的韧性单元划定方法 094

6 应对暴雨内涝的建成单元韧性类型谱系 105

    6.1 应对暴雨内涝的建成环境韧性类型研究 106

    6.2 应对暴雨内涝的建成环境韧性等级区划研究 148

    6.3 应对暴雨内涝的建成环境韧性空间格局特征 175

7 基于仿真模拟的建成环境韧性提升策略 183

    7.1 研究对象韧性现状解析 185

    7.2 城区级韧性提升策略 201

    7.3 街区级韧性提升策略 218

    7.4 街区级韧性优化方案与模拟验证 234

8 结 语 245

    8.1 城市韧性的系统性研究 246

    8.2 城市韧性的实效性研究 247

    8.3 城市韧性的制度性研究 248

参考文献 250

附 录 256

后 记 275

1

绪　论

1.1 城市韧性研究的重要使命

1.1.1 城市韧性研究

20 世纪以来，随着世界范围内的城镇化进程加快，建设活动逐渐蚕食自然环境，引起一系列诸如环境污染、资源短缺、能源几近枯竭、气候变化、自然灾害频发等问题，而且这些问题日益严重。为了应对这些问题，自 20 世纪 60 年代起，诸多学者和学术组织针对时代发展的诉求陆续提出了生态、绿色、低碳、安全、健康、韧性等概念。

韧性理念居于当前学术研究与实践探索的前沿，起源于生态学，而今已经成为贯穿生态系统、人类建成环境与社会环境研究的重要理念。城市存在于自然要素与人为要素共生的环境中，城市系统时刻受到各种自然或人为活动的影响，这些影响可被视为对城市系统的扰动。随着人为活动在频率和强度两方面的极大增加，人口、资源、环境之间的矛盾日益尖锐，致使全球气候多变、自然灾害多发，对人类安全和社会发展都产生了严重的影响。传统规划方法，如城市规划中的防灾减灾专项规划，在应对此类问题时强调治理和抵御，并且主要关注灾害本身而忽略了其与城市之间的互动关系，方法相对被动且效果不佳。

城市韧性（urban resilience）理念以城市本体作为研究对象，以增强城市在承受扰动时保持自身功能不被损坏的能力为主要目标，提升了城市应对扰动的可控性。具体来说，城市韧性理念从动态的角度定义了扰动与承受扰动的主体（即城市）之间的关系，承认扰动的经常性和系统的动态平衡性，即扰动是经常存在的，而同一扰动作用于具有不同韧性的系统，其结果可能相差甚远，韧性较高的系统保持自身完整性的能力也较强，不会因受扰动影响而遭到破坏。

因此，基于城市韧性理念的防灾减灾和生态规划方法能够适应不断变化的环境和灾害形势，并提供一种更易达成的目标和更易操作的方式。通过增强城市系统韧性，提升城市系统应对扰动的能力，避免或减轻扰动对城市系统的影响与破坏，是保证城市健康、可持续发展的有效途径。城市韧性理念指导下的防灾减灾方法主张通过科学的规划、设计和管理，主动塑造具有韧性的城市空间环境，提升城市的承受、吸收能力及从灾害中学习和恢复的能力，以达到降低灾害风险，减少灾害影响，增强城市自身系统的整体性、协调性和自我完善性。

同时，城市韧性从新的视角探讨了灾害或环境变化对城市系统的影响，提供了城市防灾减灾和城市生态规划研究的新思路，并逐渐成为城市建设领域的重要指导思想。国家"十四五"规划明确提出"推动绿色发展，促进人与自然和谐共生"的发展目标，再次强化了生态文明建设的战略意义。提升城市韧性已经成为构建健康、和谐人居环境的基本准则，有助于促进城市人居环境的可持续发展，实现生态城市发展的战略目标。

1.1.2 韧性理念下的暴雨内涝研究

当前全球范围内的生态环境危机日益严重。在我国，大规模的粗放型城市建设导致城市持续承受多样化的外来扰动和灾害影响。据中国气象局第一次全国自然灾害综合风险普查统计，气象灾害造成的损失占我国自然灾害总损失的 70% 以上，其中暴雨灾害是我国主要的气象灾害类型之一。近年来，世界范围内诸多城市暴雨灾害频发，造成城市大部分区域受灾损失严重，从近年来我国深圳、上海、北京等城市遭受暴雨灾害的统计数据可以看出，城市暴雨灾害表现出明显的周期性、反复性、可预测性差等特点，大部分城市表现出积水内涝、城市交通瘫痪、水利设施严重损坏等外显特征，暴雨灾害给人们造成了巨大的生命和经济损失。据《中国水旱灾害公报 2012》统计，2012 年 7 月，北京、天津、河北地区多地发生特大暴雨事件，其中以北京市区内涝最严重，总计形成 426 处积水点，天津市中心城区和河北省 9 座城市的低洼地区同样发生大范围积水，此次灾害造成京津冀区域 115 人死亡，直接经济损失达 331 亿元。同年，全国多地区遭受暴雨内涝灾害，城市系统瘫痪，遭受巨大的经济损失。

城市暴雨内涝灾害是自然气候异常波动与人类城市社会经济活动相互作用的结果。温室气体的排放、土地覆盖物的变化等深刻影响着全球气候系统，这成为极端暴雨的诱因；而作为暴雨承载体的城市，其空间结构、功能布局、开放空间系统、基础设施、应急避难系统等空间规划系统缺乏较强的适应能力，是暴雨事件转化为暴雨内涝灾害的主要原因。在快速城镇化进程中，城市建成环境的自然地表逐渐被人工建设物覆盖，城市用地的自然属性被逐渐改变，其生态适应性和自我调节能力大大降低；基础设施设防程度的低下及应急避难系统的缺乏又加重了暴雨应对危机。因此，应对暴雨内涝不是城市排水系统的单一任务，而是城市空间、基础设施、应急避难、物资调配、管理组织等各方面统一部署的结果，其中城市空间是应对暴雨内涝问题的首要触发点，也是直接承受冲击的核心地带。

基于城市韧性理念的空间规划途径为解决暴雨内涝问题提供了新的视角。以增强城市韧性为核心议题，从全局、动态的角度探索暴雨扰动与承受扰动的城市环境之间的相互作用关系；通过增强城市空间系统的韧性，提升其应对暴雨扰动的能力，避免或降低暴雨内涝对城市系统的影响和破坏，是确保城市健康、可持续发展的有效途径。这种理论方法的思想内核与传统暴雨内涝防灾的重要区别，在于这种方法关注暴雨扰动与城市空间环境之间的全过程作用机理，并提出具有适应性的空间规划原理和设计方法。

1.2 韧性理念的起源与发展

1.2.1 韧性理念的起源与概况

"韧性"一词来源于物理学及工程学领域，其语义是"恢复到原始状态"。在工程机械领域，其被用于形容金属等物体在受到外力作用发生形变后恢复到原有状态的能力。1973 年加拿大生态学家霍林（Holling）首次将韧性思想应用于生态学学科，其相关研究成果被认为是城市韧性理论的起源。其主要贡献是提出生态系统为具有多重稳定状态的动态系统，即他认为系统并非仅有单一、稳定的均衡状态，而是具有多重均衡状态，并且具有转化到其他稳定状态的可能性。他强调系统并非一定要恢复到原有状态，提出了系统可以通过经历干扰中的抵抗、吸收、修复、提升、学习等一系列过程达到新的平衡，强调了系统具有可持续发展的能力。因此，韧性通常被定义为系统在不改变其自身结构和功能的前提下能够承受扰动及自我重组的能力。

在此基础上，韧性理念又进一步从早期城市生态系统扩展至人类-环境耦合系统的分析，发展成为整合社会学与生态学的社会-生态韧性（social-ecological resilience）, 也称演进韧性（revolutionary resilience）, 即加入了社会、管理、经济等内容, 将韧性研究从自然领域扩展至社会领域, 该概念更加强调了系统的适应能力、学习能力与创新能力, 被广泛应用于社区韧性等涉及社会因素的韧性研究中。韧性理念深刻影响了心理学、灾害研究、经济地理学、环境学等多个学科。目前, 其研究已拓展到生态、技术、社会和经济等多维视角。2013 年, 美国洛克菲勒基金会在成立 100 周年之际宣布举办全球 100 座具有韧性的城市挑战赛, 并建立了韧性城市框架（CRF, city resilience framework）, 提出韧性城市包括健康和幸福、经济和社会、基础设施和环境、领导和策略四个基本维度和十二个驱动程序; 同年, 纽约发布了"一个更强大、更具韧性的纽约"规划, 开始在城市建设中推行韧性理念, 该理念在美国和欧洲规划界得到了广泛认同, 逐渐成为当前城市规划的核心组成部分。

1.2.2　工程韧性、生态韧性与演进韧性

从国际视角来看, 学术界对于韧性概念的认知过程大概可以分为三个阶段, 即工程韧性、生态韧性与演进韧性, 每个阶段的推进都代表着韧性内涵的深化与调整。

（1）工程韧性

作为韧性概念的起源, 工程韧性最为人们所熟知, 它所强调的是物体或系统恢复原状的能力, 其恢复过程类似弹簧回弹, 韧性强度就好像弹簧的弹力系数 k 一样, 是一种固有的属性, 而弹簧被制造出来后, 其材质、匝数和直径均无法再改变, 所以回弹后总会回到一个固定的长度。由此可以看出, 工程韧性所追求的是在既定的平衡状态范围内的稳定性, 其韧性大小基本可以用系统从扰动中恢复稳态的速度来衡量, 而且此稳态有且只有一个。这种逻辑下的韧性理念与传统的各类"防灾""防故障"工程的思路不谋而合, 对于恒定稳态的追求成为最初的韧性研究与实践的终极目标。

（2）生态韧性

生态韧性与工程韧性最大的区别在于生态韧性强调系统并非一定要恢复到原有状态。1996 年霍林重新定义了生态韧性, 将其解释为"系统在改变其结构之前所能够承受的扰动量", 弥补了之前工程韧性概念僵化、追求单一稳态的缺陷。此后的学者提出系统在遭受扰动后可以达到一个与之前不同的新的平衡态, 或者说, 扰动

可以促使系统从一个稳态走向另一个稳态；生态韧性的重点在于其抵御能力的持久性和重新适应的能力。

无论是机械系统还是环境系统，都存在一个能够保持较长时间的、日常的均衡状态。工程韧性认为这个均衡态是早就存在且已固化的，而生态韧性认为均衡态不止一个，并且承认系统通过经历扰动转向新均衡态的可能性。生态韧性理念以一个均衡态为标准，并将这种均衡态通过一系列可量化的指标加以描述，以"恢复力"或"适应力"描述韧性强弱，指短时间内恢复到某种标准下的正常秩序的能力。

（3）演进韧性

在演进韧性理念中，韧性不仅是生态系统对扰动的响应，而且是具有自组织能力的多元系统在被激发的条件下所展示的一种转变和改善的能力，并且认为持续性、适应性和可变性是演进韧性的关键。这种转变和改善的能力主要通过人类系统的社会、管理、经济等活动发挥作用，因此该理念将人类与自然系统耦合，发展成为整合社会学与生态学的社会–生态韧性。

这种韧性变化、逐步适应的过程与进化论的观点有相同之处，因此被称为演进韧性，这个观点抛开了之前系统需要恢复到一个均衡态的说法，认为系统需要在压力与扰动下不断地调整自身的状态，不会存在持续一段时间的"稳定状态"。

目前，生态韧性与演进韧性的理念已成为城市韧性研究中的主要理论基础，韧性理念的发展与对比如表 1-1 所示。

表 1-1　韧性理念的发展与对比

韧性理念	均衡观点	系统状态	韧性思维	概念特征
工程韧性	存在唯一均衡态	均衡态 扰动态 恢复态	工程机械思维	有序 单一
生态韧性	存在多元均衡态	旧均衡态 恢复态 扰动态 新均衡态	均衡多元思维	有序 多元 可预测
演进韧性	不存在固定均衡态	持续波动态	系统多元思维	非线性 自组织 不连续

1.3 当前的城市韧性研究概况

1.3.1 理论框架与作用机理的相关研究

城市韧性的初期研究主要集中于韧性作用机理上，并在此基础上提出研究维度与体系框架。根据框架的复杂程度不同，可将城市韧性的理论框架进一步划分为单一系统的简单框架和多系统的复杂框架。

1. 单一系统的简单框架研究

城市韧性单一系统的理论框架（表1-2）大多为城市韧性主题维度的总结或细分。

表1-2　城市韧性单一系统的理论框架

理论框架	学者/机构	提出时间	框架体系
韧性联盟城市韧性框架	韧性联盟	2007年	代谢流、管理网络、建成环境、社会动力学
区域韧性理论框架	Foster等	2007年	表现韧性、准备韧性
Norris城市韧性理论模型	Norris等	2008年	经济发展、社会资本、社区竞争力、信息和通信
韧性城规划框架	Yosef	2013年	城市经济、社会、空间、物质要素
全球100座韧性城市框架	美国洛克菲勒基金会	2013年	健康和幸福、经济和社会、基础设施和环境、领导和策略

韧性联盟作为早期进行城市韧性研究的机构，提出城市韧性研究的四个优先主题（图1-1）：代谢流、管理网络、建成环境、社会动力学，从生态学、社会学角度形成了较为系统的理论框架。

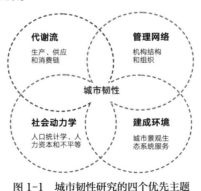

图1-1　城市韧性研究的四个优先主题

（资料来源：韧性联盟，2007）

Foster 等以解读韧性属性为基础，将坚固性和快速性称为表现韧性，将冗余性和资源可调配性称为准备韧性，将区域韧性分为评估、准备、响应和恢复四个阶段，提出了评价区域韧性的框架，并进一步给出了各阶段韧性评价的要素和评价重点，最后以1970—2000年布法罗尼亚加拉大瀑布地区为例，提出了其在经济衰退中的区域韧性评价框架（图1-2）。

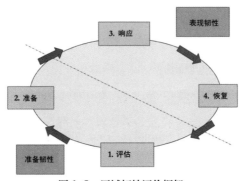

图1-2　区域韧性评价框架
（资料来源：Foster 等，2007）

Norris 等提出包括四套网络化资源或能力的韧性研究的理论模型，即经济发展、社会资本、社会竞争力、信息和通信（图1-3）。该理论模型对众多韧性评价指标体系产生了影响。

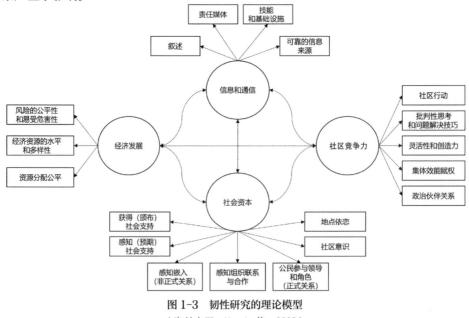

图1-3　韧性研究的理论模型
（资料来源：Norris 等，2008）

Yosef 提出的韧性城市规划框架由四个主要概念构成：脆弱性分析矩阵、防灾、城市管理、不确定导向的规划，每个概念又由 3～4 个要素构成。脆弱性分析矩阵用于识别人口及灾害风险等在空间上的分布；防灾部分包含减灾、重建策略、可替代能源；城市管理部分包括公平性、综合方法、生态经济；不确定导向的规划强调适应性政策、空间规划、可持续的城市形式等。该框架内容涉及城市经济、社会、空间、物质要素等多个方面，因此是一个广义上的韧性城市规划框架（图 1-4）。

2013 年美国洛克菲勒基金会在举行全球 100 座韧性城市挑战赛的基础上，提出了城市韧性框架（表 1-3），该框架包括健康和幸福、经济和社会、基础设施和环境、领导和策略四个基本维度，每个维度包括三个驱动程序，并提出了提升城市韧性的措施。这一框架不仅有力地促进了城市韧性的持续研究，也在世界范围内为韧性研究扩大了影响。每个城市可根据自身特点，确定各个指标的相对重要性及指标的实现方式。通过定性和定量相结合的方法，评估城市的现状绩效水平和未来发展轨迹，进而确定相应的规划策略和行动计划以提升城市韧性。

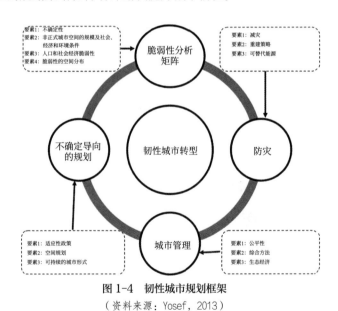

图 1-4　韧性城市规划框架

（资料来源：Yosef，2013）

表 1-3　城市韧性框架

维度	驱动程序
健康和幸福	满足基本需求
	支持生活与就业
	确保公共卫生服务项目
经济和社会	提升凝聚力与经营社区
	确保社会稳定、安全和正义
	促进经济繁荣
基础设施和环境	保护自然与人文资产
	确保关键服务不间断
	提供可靠的通信与联络
领导和策略	提升领导力与实现有效管理
	赋权给广泛的利益相关者
	进行长期和综合规划

资料来源：Jo da Silva, Braulio Morera，2014。

2. 多系统的复杂框架研究

多系统的复杂框架大多首先进行了韧性作用过程的机理研究。与单一系统的简单框架相比，复杂框架不仅建立了横向的框架体系，而且在纵向上总结了韧性在城市系统中的作用过程，构建了基本的网络化结构。

Desouza 等通过讨论和分析 20 个具有韧性的城市案例，提出了一个包含规划、设计和管理的韧性城市概念框架（图 1-5），将城市在宏观层面上分为物质系统和社会系统，其所面临的压力包括自然灾害、经济衰败、技术更新、人为灾害四个方面，这些压力会造成三个层面的影响，即城市被完全破坏、城市功能丧失、城市部分功能的暂时丧失；通过增强和抑制策略，以及灵活性的规划、适应性的设计和应变性的管理，来调节这些压力对城市的影响。

Cutter 是城市韧性领域的重要研究学者，其主要研究方向为基于社会-生态韧性的社区韧性研究。他提出了适用于社区韧性评价的地方适灾韧性模型（DROP），并总结了相关文献提出的影响社区韧性的指标，包含生态、社会、经济、机构、基础设施、社区竞争力等方面。地方适灾韧性模型描绘了扰动作用于社区的过程，其图解如图 1-6 所示。首先他认为社区具有内在脆弱性和内在韧性，这些是由内在因素决定的社区系统的内在原生条件。社区所在的社会、自然和建筑环境系统是社区的外因，即

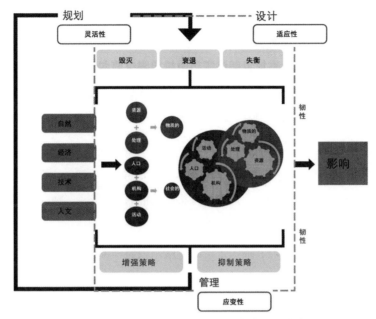

图 1-5　包含规划、设计和管理的韧性城市概念框架

（资料来源：Desouza，Flanery，2013）

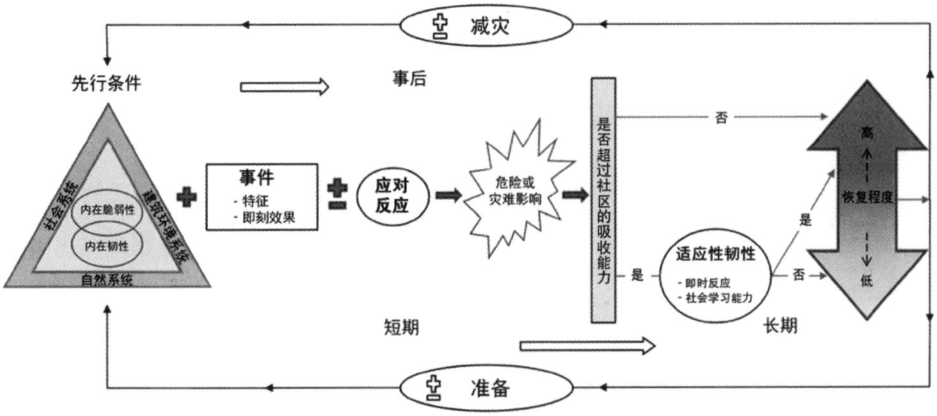

图 1-6　地方适灾韧性模型（DROP）图解

（资料来源：Cutter，Barnes，Berry，2008）

外在条件。这两项内容共同组成了社区应对扰动事件的"先行条件"。其次需要解释的是"事件"，起作用的包括扰动事件的特征及其即刻效果。以暴雨为例，其特征是短时降雨量大，即刻效果是积水。最后一个是应对反应，这些应对反应可能起到削弱或放大影响的作用。先行条件、事件、应对反应三者互相叠加，共同决定了"危

险或灾难影响"。如果这些影响作用于社区后并没有超过社区的吸收能力，社区将得到较高程度的恢复，也就是完好如初；如果影响超过了社区的吸收能力，就需要考察社区的适应性韧性，适应性韧性来自系统面临扰动时的即时反应和社会学习能力，如果适应性韧性高，社区就能恢复得很好；如果没有适应性韧性或者适应性韧性很低，社区恢复程度也会很低。地方适灾韧性模型也展示了如果在一次扰动事件中适应性韧性能力有所发挥，也有助于改善下次面临扰动时的先行条件。

Zhou 等提出基于地理单元、风险与损失的"位置损失响应"的灾害应变模型，将韧性定义为灾中抵御损失、灾后恢复与重组的能力。这一概念框架明确强调了地理单元是灾害研究的基本对象，风险是遭遇灾害或遭受损失的概率，风险程度与响应能力共同决定了灾害的潜在损失。及时的阻力或救济能够有效降低灾害损失，阻力或救济不足将导致损失扩大。

综上所述，已有研究多为概念框架和理论层面的研究，虽基于韧性发生过程指出了相关影响因素，但尚未明确影响因素与概念框架之间的复杂关系，实际操作性较弱。然而，已有的概念框架为城市韧性研究的多学科协作指明了方向，同时部分研究梳理了扰动与韧性的相互作用过程，为提出具有针对性的实践策略奠定了基础。

1.3.2　评价方法与指标体系的相关研究

城市韧性评价方法与指标体系是对韧性理论框架的纵向研究，表明了韧性研究从定性向定量发展的趋势。随着研究的逐渐深入，近年来相关研究开始对城市韧性进行评价。

1. 韧性测量研究

根据韧性的定义，韧性可以通过系统在保持结构和功能不变的条件下能够吸收的扰动量来衡量。一些学者提出了测量扰动量的具体方法，Proag 提出了韧性效率的计算方式，即韧性效率 = 系统受到干扰后可提供的功能 / 系统正常状态下可提供的功能。Bruneau 等提出了系统性能（以百分比表示）随时间变化的函数，其图解如图 1-7 所示。其中，R 为系统性能，t_0 为发生扰动的时间点，t_1 为系统恢复的时间点。Bruneau 等认为评价韧性系统的三个重要因素是：减少失败的可能性、减少由失败产生的结果（包括人员伤亡、损失、经济和社会的消极影响等）和减少用于恢复的时间。

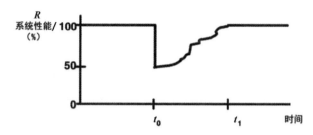

图 1-7　系统性能随时间变化的函数图解

（图片来源：Bruneau, Chang, et al., 2003）

他以基础设施为例用图示方式表达韧性的定义，以三角形代表在损坏和干扰中的功能损失及随时间推移恢复的模式，在此基础上提出了韧性损失量化方法。同时，他提出了一个应用于地震灾害环境下衡量韧性的评价指标体系，该体系建立在 4R 属性 [（坚固性（robustness）、冗余性（redundancy）、资源可调配性（resourcefulness）、快速性（rapidity）] 和 TOSE 维度 [（技术（technical）、组织（organizational）、社会（societal）、经济（economic）] 的基础上。

Bruneau 等提出的研究方法目前认同度较高，不少学者在其基础上进行了进一步的研究，如 Chang 等在这一方法的基础上研究了概率元素对韧性测量的影响，并在美国田纳西州孟菲斯市的基础设施系统抗震改造中进行了验证。

2. 指标体系研究

更多学者认为扰动的阈值是测量韧性的核心，也是系统在应对扰动时的转折点，然而阈值难以被直接测量，一般借由评价指标体系（表 1-4）来表示。Razafindrabe 等提出了气候灾害韧性指数（CDRI），基于物理设施、社会、经济、制度和自然 5 个维度对 9 个城市进行了韧性评价。

Cutter 等提出的社区韧性指标基准（BRIC）是韧性指标中颇具影响的研究之一，其以地方适灾韧性模型（DROP）为基础，从社会、经济、制度、基础设施、社区竞争力五个方面提出社区韧性指标基准，以美国郡县级城市作为研究单元绘制了美国城市韧性分布地图。Frazier 等在分析 BRIC 的基础上提出了改进建议，认为应增加基于具体地点与灾害发展时段的两种影响因素，二者对指导社区资源分配和提出改进措施具有重要意义，并在美国佛罗里达州萨拉索塔（Sarasota）县对社区韧性指标进行了具体研究。

Sharifi 等总结了已有城市韧性评价研究中的相关指标，提出了包括基础设施、安全、环境、经济、制度、社会与人口这几个方面的城市韧性评价指标。此外，Orencio 等提出了地方化灾害韧性指数，认为环境和自然资源管理、可持续生计、社会保障、规划制度是较为重要的四项指标。Standish 等学者提出了韧性的测量与系统的功能冗余性、响应的多样性、联系度和规模等几项指标。Miles 等学者也提出了几项相关指标。

国内学者对韧性评价的研究主要分为两个方向。一种是对城市经济、社会等多维度的韧性评价指标体系研究，如刘江艳、曾忠平提出涉及城市生态、经济、工程和社会韧性层面的韧性评价指标体系，并以武汉市为实例进行了研究。另一种是对单一维度或单一系统的城市韧性评估方法研究，如郑艳等以我国海绵城市与气候适应型城市试点为例，进行了基于适应性周期的韧性城市分类评价研究；孙阳等基于社会生态系统视角对长三角地区 16 个地级城市的韧性程度及其空间状态作出了评价；李亚等梳理总结了城市基础设施韧性研究的框架与定量评估方法，并对主要评估方法的特征和优缺点进行了比较。

表 1-4　部分学者提出的城市韧性评价指标体系

指标体系	学者	提出时间	准则层	指标层
CDRI 气候灾害韧性指数	Razafindrabe 等	2009 年	物理设施	电力、供水、卫生等
			社会	健康状况、教育和意识、社会资本等
			经济	收入、就业、家庭资产等
			制度	内部机构和发展计划、内部机构的有效性等
			自然	危险程度、危险频率等
BRIC 社区韧性指标基准	Cutter 等	2010 年	社会	教育公平、年龄、沟通能力等
			经济	住房、雇用率、收入公平等
			制度	市政服务、灾害经历等
			基础设施	房屋类型、医疗能力、避难场所等
			社区能力	社区参与、创新方法等

指标体系	学者	提出时间	准则层	指标层
地方化灾害韧性指数	Orencio 等	2013 年	环境和自然资源管理	运行环境、生态系统、环境实践、扶持性政策、体制结构等
			居民健康和幸福	劳动能力、公共卫生结构、人身安全、社区结构等
			可持续生计	就业稳定性、经济发展、公平分配、经济多样化等
			社会保障	基本社会服务、信息渠道、集体经验、弱势群体保护等
			金融工具	社区资产、可支付保险、现金援助、信用贷款担保等
			实体防护与结构	抗风险施工方法、社区维护能力、关键应急设施等
			规划制度	地方灾害计划、风险评估、监督制度等
WISC 城市韧性模型	Miles 等	2014 年	福祉	归属感、满足感、自治、物质需求、健康
			身份	平等、尊重、赋权、多样性、连续性、效能、特殊性、适应性
			服务	竞争性、集中性、排他性、冗余性、稳健性、市场性、可持续性、连通性
			资本	文化、社会、政治、人力、建筑、经济、自然

一些学者对已有的城市韧性评价体系进行了评估，如 Sharifi 等分析了 36 个社区韧性评价体系，提出了目前评价中最常使用的维度包括环境、社会、经济、建筑与基础设施、制度，其中关注制度的研究最多，且发现只有少数评价体系较好地回应了韧性的四个属性；Larkin 等分析了 7 个韧性评估体系，他同样认为大部分体系没有很好地考虑韧性的属性；Serre 提出当前韧性评价的研究主要是基于社会和组织角度，为社区进行自我评估或为政策制定提供支持，并非专门为城市规划者使用；Frazier 等认为大部分方法都忽略了空间和时间因素，以及空间自相关的问题，在应对灾害和灾后恢复中的实际评估作用非常有限；Thomas 等提出韧性评价不应是中立的工具，应该与设定的目标直接相关。

韧性评价和指标体系是目前城市韧性研究的热点领域，众多学者基于不同角度进行了研究，具体内容虽然各有侧重，但业内学者普遍认为城市韧性是一个多主题的概念，包含社会、经济、制度、基础设施、生态环境和社区等维度。目前韧性评价和指标体系的研究对象主要为城市宏观层面，也有部分研究针对中观的社区层面。当前的评价体系研究以多维度指标体系为主，针对单一维度的评价指标体系的研究相对较少，不同评价体系的研究范围差异较大，难以对其进行横向比较，且韧性评价研究的深度还有待进一步深化，其科学性和针对性还有待进一步证实。

1.3.3　提升策略的相关研究

提出具有针对性的提升策略是城市韧性框架和韧性评价方法研究的最终目标。近年来，针对韧性提升策略的研究不断增多，这体现了城市韧性理论研究向城市案例实践应用的转化，为进一步的深入研究探索了方法。

一些学者提出了以韧性为核心的基本设计原则和策略，如 Wardekker 等学者以荷兰鹿特丹城市三角洲地区为研究对象，分析了潜在的气候变化扰动与韧性策略之间的关系，基于生态学和系统动力学总结提出六个"韧性原则"及相应策略，包括动态平衡、兼容特征、高效率的流动特征、扁平特征、缓冲特征、冗余性（表 1-5）。Ahern 提出包括通用性、冗余和模块化、（生物和社会）多样性、连接性，以及自适应性的城市韧性规划设计策略。Peiwen 和 Stead 提出应对气候扰动和洪水风险的韧性规划的六个特征及相应策略，旨在为规划决策提供依据，并以鹿特丹为例进行了实证研究。

也有学者从应对城市单一灾害的角度提出较为具体的空间形态韧性设计策略，如 León 和 March 提出通过对街道网络、避难空间等城市形态的设计来提升应对海啸的韧性规划策略，并以智利海啸为例通过计算机模型对运用了该策略的方案进行评价。Chan 等对"桑迪"飓风影响下的纽约社区公园进行了研究，发现社区公园在不同时段对灾后社区韧性的恢复具有重要作用。

此外，美国国家研究委员会组织了关于韧性城市的一系列研讨会，其研究主要以提升社区韧性为基础，涉及增强城市韧性的重要性、目前面临的挑战、提升韧性的方法和实施的大致步骤，以及制定社区韧性设计框架、措施、指标系统和相应的策略。

国内学者也从城市的不同尺度和不同系统对城市韧性策略进行了研究，尤其侧重对社区韧性的研究，一些学者基于韧性社区建设情况的分析，提出了建设适灾韧性社区的关键因素及相关建议，构建了基于韧性特征的城市社区规划与设计框架。如廖桂贤等提出"可浸区百分比"指标用以评估城市承洪韧性，应用自然的洪泛区功能提升城市承洪韧性。钱少华等从宏观的城乡空间格局、中观的基础设施体系、微观的韧性社区层面探讨了上海市的韧性城市建设路径。申佳可、王云才等探讨了韧性社区的规划设计。王峤、臧鑫宇等探讨了城市既有街区雨洪韧性、生态韧性等方面的提升策略。

表 1-5 "韧性原则"及相应策略

韧性原则	描述	相应策略
动态平衡	通过反馈循环实现系统动态平衡	明确洪水发生时的各类责任；了解地区灾害风险及可采取的预防措施；加强地区社会凝聚力；制定有效的灾害管理与灾后恢复规划；通过建筑和规划方式减小触发扰动的概率及提高恢复能力；可灵活使用的结构和基础设施
兼容特征	使系统包含满足需求的几种不同方法	通过小规模能源发电和能源/热储存来实现能源供应选择的多样化；提供内陆货物运输的多种选择形式；设计多功能建筑物
高效率的流动特征	对威胁与变化的快速响应	高效建筑——缩短建筑更新周期，如采用模块化元素建造；高效信息——将潮水变化信息快速传达给居民和政府，便于尽早采取措施；高效土地使用——规划可快速调整用地性质的区域以应对变化
扁平特征	避免系统具有复杂层级关系	增强居民自组织和自救能力；积极发动公众参与到相关政策制定中
缓冲特征	使系统能够在一定程度上吸收扰动	设计蓄滞洪区（低洼地区，如公园、地下储物区和停车场等）；设计洪水避难场所和相关疏散道路；设计抗洪建筑物
冗余性	当一种选择不可用时可使用另一种选择	设计多条进出地区道路；提供多途径的电力或排水；多个位于不同地点的危机处理中心；建筑物的多个访问级别（如果第一层被淹没，可从更高楼层撤离）；在多个区域布局住房、医院等功能区

城市韧性策略研究的不断增多，体现了城市韧性由理论研究向实践应用的快速发展趋势。当前的已有研究多为针对城市韧性的基本设计原则和针对某一灾害制定的应对措施，其策略大多指向经济、制度和组织方面。研究多限于单向的理论应用，缺乏对案例研究进行模拟或评估，从而得到反馈结果，以检验、修正韧性研究相关理论的循环过程。对具体规划策略的实效性和可操作性的既有研究相对较少，然而具体策略与韧性的基本属性、韧性框架、韧性评价体系应建立在有较强关联的基础上，其可行性才能得到保证。因此，科学建立韧性的理论框架和评价体系是影响韧性策略的关键问题。

2

城市韧性的定义与基本属性

2.1 城市韧性的定义

扰动最初为生态学领域的概念，指的是群落外部因素的突然作用或群落内部因素的非正常波动，它会引起系统内部的结构性或功能性变化。城市存在于自然要素与人为要素双重作用的环境之中，城市系统时时刻刻都面临着各种自然或人为活动的影响，这些影响可被视为对城市系统的扰动。在我国快速城镇化进程中，大量人口向城市聚集，人为活动的频率和强度均极大增加，导致人口、资源、环境之间的矛盾日益尖锐，扰动的增加和增强引发了自然灾害多发和全球气候变化，不仅影响市民的安全、健康和生活环境，也给社会经济发展造成重大损失，快速城镇化进程下城市与扰动的关系如图 2-1 所示。

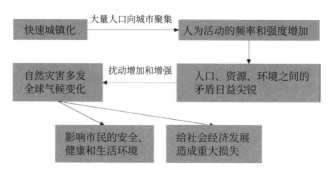

图 2-1　快速城镇化进程下城市与扰动的关系

城市韧性从最初的工程学、生态学领域的概念，逐渐发展为目前融合了气候适应、自然灾害、经济、社会、管理等多个学科的综合研究，然而以气候变化为背景的各类城市灾害仍然是城市韧性研究集中关注的领域。城市韧性与传统城市防灾减灾理念的重要区别，在于城市韧性关注扰动和系统的关系而非关注扰动本身，它致力于通过采取相关措施提升城市应对扰动的能力，避免使扰动上升为"灾害"。

扰动作用于城市系统，将出现以下两种情况。

① 当扰动低于系统承载界限时，不会对系统产生破坏作用。

② 当扰动超过系统承载界限时，会破坏系统原有的平衡状态：一类情况是造成系统破坏；另一类情况则是通过系统的自身调节达到新的平衡状态（图 2-2）。

众多学者对城市韧性的相关定义展开了研究与探讨（表 2-1）。不同研究的出发

图 2-2 扰动破坏城市系统的情况

点和分析层次有所不同，主要涉及社区、社会、城市等不同层级，其主要出发点为系统在面对扰动、压力或逆境时顺利适应的能力，关注点集中于灾害情境下系统与外界扰动之间的相互作用关系。

综合相关研究的理论观点，可以将城市韧性定义为，通过规划，使城市系统在面临外来扰动、突发灾害和灾害风险压力时，具备积极应对、快速恢复和整合各种资源以获得持续发展的能力，使城市系统在遭受灾害时表现得更加"坚强"，在常态下表现得更有生机。城市韧性也可被简要概括为城市系统在面对扰动和灾害时的适应能力。

表 2-1 对城市韧性的相关定义

代表学者	时间	分析层次	观点
Mileti 等	1999 年	社区	一个地区能够承受极端的自然事件，承担一定程度的损失，并且能够采取一定的缓解措施，在不需要大量外界救助的情况下维持正常运作的能力
Paton 等	2001 年	社区	在暴露于危险环境之后，能够有效利用物质和经济资源来帮助恢复稳定状态
Bruneau 等	2003 年	社会	社会团体为控制灾害影响，以最大限度减少社会混乱、减轻灾害影响的方式开展恢复活动的能力
Godschalk 等	2003 年	城市	应对和管理极端事件的物质系统与社区网络，能够在灾时的极端压力下持续发挥作用
Norris 等	2008 年	复合	系统在经历扰动后积极适应的过程
Cutter 等	2008 年	社会	系统面对灾害作出响应，并从灾害中恢复的能力，广义上包括系统应对扰动的内在能力，以及此应对过程中的两个维度
联合国国际减灾署	2009 年	复合	城市或社区在经历外界干扰后抵抗、恢复并适应的能力
Pfefferbaum 等	2013 年	社区	社区居民采取行动抵御外界干扰的能力

2.2 城市韧性与相关概念辨析

城市韧性的概念在发展过程中不断融合多学科、多视角的观点,产生了概念延伸。韧性与脆弱性、可持续发展、健康城市等词语在意义与内涵上均存在一定的相近性或相关性。为进一步聚焦研究主题,避免由概念定义的不同引起的偏差,我们首先对此类相关概念进行辨析。

2.2.1 韧性与脆弱性、适应能力

在城市韧性的早期研究中,不同学者对韧性、脆弱性、适应能力之间的相互关系持有不同观点(图2-3)。在全球环境变化研究领域,一些学者认为韧性是适应能力的组成部分,另有一些学者认为适应能力是脆弱性的组成部分,还有一些学者则认为韧性、适应能力都是整体脆弱性结构中的细分概念。

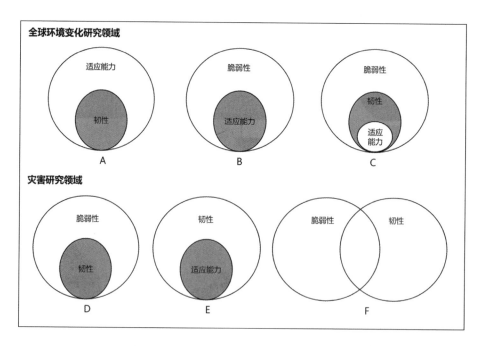

图 2-3 韧性、脆弱性和适应能力之间的相互关系

(资料来源:CUTTER S L, BARNES L, BERRY M, et al. A place-based model for understanding community resilience to natural disasters[J]. Global Environmental Change-Guildford, 2008, 18(4): 598-606)

在灾害研究领域中，韧性被定义为以最小程度的影响和破坏来生存和应对灾害的能力，被认为是一种作用结果，并包含于脆弱性概念中；与全球环境变化研究领域相反，灾害研究领域的学者认为适应能力属于韧性的一部分。此外，还有学者认为韧性和脆弱性是相互独立但意义相关、相互联系的概念，本书基于此观点展开研究，即韧性与脆弱性既存在概念交叉，又有各自不同的侧重点。

2.2.2 城市韧性与可持续发展

1980 年，国际资源和自然保护联合会在《世界自然资源保护大纲》中提出了可持续发展理论，大纲提出："必须研究自然的、社会的、生态的、经济的，以及利用自然资源过程中的基本关系，以确保全球的可持续发展。"1987 年，世界环境与发展委员会在《我们共同的未来》报告中将可持续发展定义为："既能满足当代人的需要，又不对后代人满足其需要的能力构成危害的发展。"可持续发展理念涉及自然、环境、社会、经济、科技、政治等诸多方面，是关于多领域协调发展的理论和战略。

城市韧性理念与可持续发展理念具有共同的战略目标，即通过运用各类社会、经济、自然、政策等手段，实现物质与非物质资源的调动与合理配置，保障人与环境的和谐共存。二者均强调在发展过程中留有余量，保证人类社会发展不超过自然环境和资源的承载能力，最大限度地避免资源枯竭或极端灾害情况的发生。城市韧性理念与可持续发展理念之间的差异在于，可持续发展理念侧重常态化发展中的资源利用模式，强调在满足人类需要的过程中必须加以限制、留有余地，保障人类社会的永续发展；城市韧性理念侧重非常态化情境下的应对方式，尤其聚焦于洪水、地震、高温热浪等各类灾害的灾前、灾中、灾后响应措施，包括平时状态下的预防机制与非平时状态下的响应机制，从而尽可能降低城市各类灾害所带来的消极影响。

2.2.3 韧性城市与健康城市

1984 年，世界卫生组织提出了"健康城市"的概念，并于 1998 年明确提出了"健康城市"的定义，即"健康城市是一个不断创造和改善自然环境和社会环境，不断扩大社会资源，使人们能够相互支持，实现生活的多种需求并发挥最大潜能的城市"。

在此期间，世界卫生组织于1986年提出健康城市计划，该计划迅速得到美洲、欧洲、亚洲等诸多国家和地区的响应，并逐渐形成世界范围的城市健康运动。1996年，世界卫生组织公布了健康城市的10项标准，涵盖了与人体健康密切相关的环境、新陈代谢、经济、组织、政策、交往、文化、权力、服务、寿命等方面的内容，并提出了健康城市的12大类300多项指标。从健康城市的研究进程可以看出，健康城市的规划建设需要在个人、组织、城市、国家各个层面达成共识，注重理论研究和实践研究的协同发展。城乡规划建设领域需要考虑从规划、建设到管理的全过程，建立以人的身心健康为中心，协同健康环境和健康社会的整体发展机制。

根据韧性城市与健康城市的概念辨析（表2-2），韧性城市与健康城市理念均以城市本体为研究对象，在研究内容等方面具有一定的共性和关联性。尤其在应对空气污染的空间环境规划方面具有很多共性特征，二者都已经成为新时期的重要城市规划思想。但韧性城市思想与城市空间规划的关联更为密切和直接，其研究也呈现出需求的迫切性和范畴的广泛性特点。

表2-2　韧性城市与健康城市的概念辨析

内容	韧性城市	健康城市
提出时间与事件	1973年，加拿大生态学家霍林首次将韧性思想应用于生态学学科	1978年发表《阿拉木图宣言》；1984年，世界卫生组织提出"健康城市"概念；1998年明确提出"健康城市"的定义
核心思想	系统在不改变其自身结构和功能的前提下能够承受扰动及自我重组的能力	不断创造和改善自然环境和社会环境，不断扩大社会资源，使人们能够相互支持，实现生活的多种需求并发挥最大潜能
研究本质	强调面对外来扰动时城市系统的时空动态过程研究	强调以人的健康为核心的整体研究
研究内容	自然灾害、气候变化、风险管理、健康幸福、基础设施、环境、经济、社会等方面	环境、产业、医疗服务、公共卫生、人群、社会、基础设施、管理
规划重点	理论框架和模型，韧性评价，韧性设计原则与规划策略	概念框架、指标体系、规划策略
研究特点	常态与应急情况下的过渡与切换	不断持续改进的渐进式过程

2.3 城市韧性研究中的基本理论

2.3.1 韧性的属性

韧性的属性是韧性研究的基础，反映了城市韧性的内涵。众多学者就城市韧性的属性展开了讨论与研究（表2-3）。最为基础的属性包括坚固性、冗余性、资源可调配性、快速性，即4R属性，还有一些研究也提到了创新性、有效性、连通性等内容。

韧性属性获得共识是城市韧性理念由抽象概念转化为可量化评价依据的关键，是进一步将城市韧性与亟待解决的城市问题建立关联的重要基础。

表2-3 韧性属性模型的相关观点

学者	时间	要素数	韧性属性要素
Bruneau 等	2003 年	4 项	坚固性、冗余性、资源可调配性、快速性
Krasny 等	2009 年	9 项	多样性、自主性、适应性、生态多样性、生态系统服务、社会资本、创新、治理冗余和密切反馈
Ahern 等	2011 年	5 项	通用性、冗余和模块化、多样性、连接性和自适应性
Allan 等	2011 年	6 项	模块化、密切反馈、治理冗余、生态系统服务、社会资本、可变性

Bruneau 等提出的城市韧性4R属性在不同研究中均有所涉及，是韧性研究领域中的基本属性要素，也是本研究的重要基础（图2-4）。

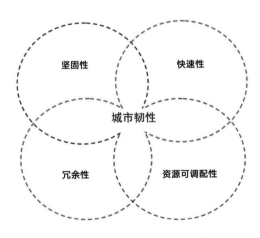

图2-4 城市韧性的4R属性

① 坚固性指系统及其要素在不被破坏或没有丧失功能的条件下所能承受和吸收扰动的能力。

② 冗余性指系统及其要素存在可替代性，在受到破坏时还能使系统满足功能需求的能力。

③ 资源可调配性指通过识别和调动物质、金钱、信息、技术和人力等资源，诊断和确定问题优先级并提出解决方案的能力。

④ 快速性指系统及时恢复功能，避免损失和功能丧失的能力。

系统的抵抗力主要通过坚固性和冗余性发挥作用，表现为威胁发生时的抵御、吸收的能力。其中坚固性是系统抵挡内外部冲击的能力，能够保障系统主体功能不受损；冗余性指系统内部存在功能相似的组件，在系统部分功能受损时能够及时实现要素替代，保证城市系统正常运转。

系统的恢复力主要通过资源可调配性和快速性发挥作用，表现为威胁发生后及时快速恢复稳定状态的能力。其中，资源可调配性指系统识别问题、确定问题的优先级并制定解决方案的能力，通过调动系统中的物质资源和人力资源实现既定目标；快速性是系统根据优先级的先后，及时完成相应事项从而实现目标的能力，避免功能的损坏和损失的扩大。

2.3.2 抵抗力与恢复力

从扰动发生的过程来看，韧性通常包括抵抗力和恢复力两个方面的作用。抵抗指外部扰动对系统状态的瞬时影响，抵抗力通过主动抵御扰动的影响，保证系统不会突破系统承载界限而受到损坏；恢复则是受干扰后的系统重新恢复平衡状态的内生过程，一旦系统突破了临界值，恢复力就能够使系统重新恢复至原稳定状态或达到新的稳定状态。一些研究中还提到了创造力的作用。创造力主要应用于扰动的中后期，使系统能够学习经验，实现更新和提升，常常是在包含社会-生态韧性的系统中发挥作用。

图 2-5 中 A、B、C、D 系统表示四个韧性水平不同的系统在同一扰动下抵抗力和恢复力发挥作用的情况，纵轴表示系统功能状态，横轴表示扰动发生后随时间推移的过程。

A 系统对扰动具有完全的抵抗力，在经历扰动后系统功能状态未受到任何影响；B 系统表现出有限的抵抗力但具有完全的恢复力，在经受扰动时系统功能大幅度下降，但是随时间推移系统功能又能够完全恢复；C 系统表现出有限的抵抗力但无恢复力，在经受扰动后系统功能有一定下降，随时间推移系统功能没有得到恢复；D 系统表现出低抵抗力且无恢复力，受到扰动后系统功能快速下降，随后也没有再恢复。

因此，当同一扰动作用于具有不同韧性的系统时可能导致完全不同的结果，对 A、B 系统而言扰动仅为扰动事件，但对 C、D 系统而言扰动则演化成为灾害。

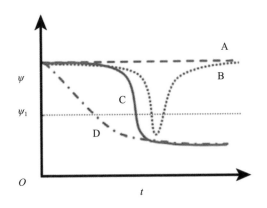

图 2-5 抵抗力和恢复力发挥作用的情况
（ψ 为生态系统功能；ψ_1 为生态系统功能水平的最低阈值；t 为时间）
（资料来源：根据 Oliver T H, Heard M S, Isaac N J, et al. (2015) 改绘）

3

暴雨内涝的相关研究基础

3.1 国内外应对暴雨内涝的相关研究

暴雨是指短时间内产生较强降雨（24小时降雨量≥50毫米）的天气现象。按照《降水量等级》国家气象标准，根据时段降雨量不同，可将雨水划分为暴雨、大暴雨、特大暴雨三个等级，它们分别对应24小时降雨量为50.0~99.9毫米、100.0~249.9毫米，以及250.0毫米以上。内涝指由于短时间内发生强降水或长历时降水，区域内积水无法及时排除所造成的灾害。内涝灾害具有突发性、时间集中性及空间集中性，往往引发城区内功能用地被淹没，峰时城市运转失灵等问题，甚至造成建（构）筑物损毁或坍塌、桥梁垮塌、能源供应与通信连接中断。尽管近年来已采取相关措施，但是我国每年仍因暴雨灾害遭受严重的人员伤亡与财产损失，阻碍区域经济、社会的可持续发展。2010—2020年全国洪涝灾害受灾人口、死亡人口及直接经济总损失情况如表3-1所示。

表3-1 2010—2020年全国洪涝灾害受灾人口、死亡人口及直接经济总损失情况

时间	受灾人口/万人	死亡人口/人	直接经济损失/亿元
2010年	21084.68	3222	3745.43
2011年	8941.70	519	1301.27
2012年	12367.11	673	2675.32
2013年	11974.27	775	3155.74
2014年	7381.82	486	1573.55
2015年	7640.85	319	1660.75
2016年	10095.41	686	3643.26
2017年	5514.90	316	2142.53
2018年	5576.55	187	1615.47
2019年	4766.60	573	1922.70
2020年	7861.50	230	2669.80

资料来源：2010—2020年《中国水旱灾害公报》。

针对城市暴雨和内涝灾害问题，20世纪60年代末英国学者麦克哈格详细研究了城市土地利用和自然条件的有机结合，以减少城市建设中人为因素对自然水文地质的破坏。在此基础上，美国学者威廉·马什系统阐述了景观规划与水质、土地利用、河流、暴雨水排放和管理的关系，有效地实现了设计和自然的结合。一些研究机构

和学者先后提出了用于估算地表径流的数学模型、伊利诺斯城市排水模型、流域水文计算机模型等城市水文模型，取得了系统的城市水文研究成果。基于对我国夏季暴雨的系统结构、成因、演变趋势等问题的解读，我国学者分析了我国城市内涝灾害的基本特点和影响因子，并开展了内涝风险模拟研究，认为人类不合理的社会经济活动是造成城市内涝灾害频发的主要原因，将其归纳为自然、规划、工程、管理等因素，指出在规划设计、城市管网建设等方面亟待解决的问题，并从雨水资源化、雨洪调蓄空间等角度提出了城市内涝防治的对策和技术方法。

随着防灾减灾领域研究的不断深入，仅依靠城市排水系统等结构性措施来应对城市暴雨内涝问题的传统方式已被学术界普遍批判，而通过调整城市土地利用模式，运用绿色基础设施等措施，利用海绵城市、低影响开发等理念增强城市韧性，已成为社会各界的基本共识。

3.2　城市雨水管理相关概念辨析

3.2.1　水敏性城市

水敏性城市设计（WSUD，water sensitive urban design）的概念源于澳大利亚，是综合了水环境管理、城市设计和水资源保护的理论概念，其核心目的是通过一系列城市设计的策略控制城市在发展过程中对水环境的影响，确保城市发展对自然水文、生态环境的敏感性。

水敏性城市设计的理论基础是生态系统的可持续发展，主要内容包括通过城市规划与景观设计实现水环境的可持续管理，以及通过对各类水体的整合规划，实现水资源保护与恢复。水敏性城市设计的理论内涵和基本原则如图 3-1 所示。与城市韧性概念相比，水敏性城市理念更多落实在水要素上，由于出发点是城市设计，其研究内容与社会、经济、制度的关联性较弱，而与物质空间环境的关联性更强，重视实践性和可操作性。此外，水敏性城市概念相较韧性概念对灾害层面关注较少，主体内容在于对城市系统内所有与水相关的要素的研究，涵盖供水、

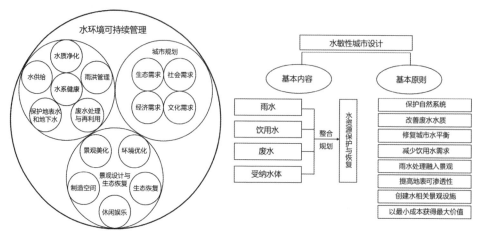

图 3-1　水敏性城市设计的理论内涵和基本原则

（资料来源：王晓锋，刘红，袁兴中，等. 基于水敏性城市设计的城市水环境污染控制体系研究 [J].
生态学报，2016，36(1)：30-43）

废水、景观水体等。

　　水敏性城市在概念内涵上与城市韧性存在方向性上的差别，但其在基本原则中
提出的具体提升方法对于韧性策略的提出具有一定的借鉴意义。

3.2.2　低影响开发

　　低影响开发（简称 LID）是一种基于自然生态理念的暴雨管理和面源污染处理
技术，强调从源头上控制降雨径流污染，其也是采用分散的、小规模的源头控制机
制和设计技术实现对雨洪的控制与利用的一种雨水管理方法。

　　低影响开发理念为城市规划提供了一种将设计结合自然的生态思维，为城市暴
雨防灾和水系统的保护提供了一种创新方法。低影响开发模式通过综合利用下渗、
过滤、蒸发、蓄流等手段，降低暴雨径流及暴雨所带来的污染，维持和保护场地自
然水文功能。低影响开发模式下的雨水管理过程如图 3-2 所示。其目的是使开发建
设区域尽量接近开发前的自然水文循环状态，实现开发建设区域与自然环境的共生。
雨水控制的具体方法包括使用蓝色屋顶、绿色屋顶，进行雨水收集、植被控制，使
用透水路面等。低影响开发模式在雨洪管理中能有效减少暴雨径流，延缓径流峰值
的到来，这已成为市政排水系统的重要辅助手段。

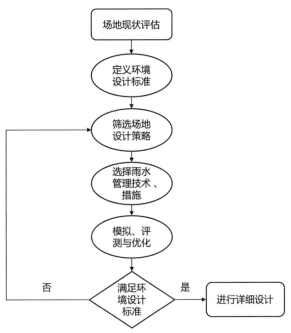

图 3-2　低影响开发模式下的雨水管理过程

低影响开发的实施策略包括两个方面的措施：一方面是非结构性的措施，以建筑物、道路的合理布局为主要体现；另一方面是结构性措施，包括生态植草沟、下凹式绿地、雨水花园、绿色屋顶等小型控制设施。从城市韧性理念的内在机理来看，低影响开发模式可以作为城市韧性理念的实践应用，是应对暴雨内涝，提升城市韧性的具体实施策略。

3.2.3　海绵城市

2015 年，国务院办公厅印发《关于推进海绵城市建设的指导意见》，部署推进海绵城市建设工作，从此我国开始了海绵城市建设进程，海绵城市试点建设内容如表 3-2 所示。海绵城市的概念源自建筑领域，比喻城市像"海绵"一样具有吸附能力。海绵城市的核心理念是低影响开发模式，其国际术语为"低影响开发雨水系统构建"，从生态系统服务的视角出发，通过多尺度基础设施的构建，实现土地的雨洪调蓄，这是海绵城市的主要目标。海绵城市的内在机理是通过新建或改造低影响、小规模的调节设施，提升城市物质空间要素吸附、滞纳雨水的能力。

表 3-2　海绵城市试点建设内容

主导部门	建设时间	试点数量	建设目标	主要内容	改造重点	评价指标
住房和城乡建设部、水利部、财政部	2015 年第一批，2016 年第二批	30 座城市	通过海绵城市建设，综合采取"渗、滞、蓄、净、用、排"等措施，最大限度地减少城市开发建设对生态环境的影响，将 70% 的降雨就地消纳和利用	下凹立交桥、老旧小区等积水点改造，雨水资源化利用，海绵技术产业园区建设等	新城区侧重于雨水径流控制和就地消纳利用；老城区通过棚户区和危房改造、老旧小区更新等，减少城市内涝积水	制定了 6 个大类 18 个小项考核评价指标

资料来源：郑艳，翟建青，武占云，等. 基于适应性周期的韧性城市分类评价——以我国海绵城市与气候适应型城市试点为例 [J]. 中国人口·资源与环境，2018，28(3)：31-38.

3.3　国内外应对暴雨内涝的规划与实践

3.3.1　荷兰：空间规划总领顶层方针

荷兰位于欧洲西北部，西、北濒临北海，地处莱茵河、马斯河和斯凯尔特河交汇三角洲。荷兰是著名的低地国家，其最主要的地形特点是低海拔、平坦，全域皆为低地，过半的国土低于海平面，三分之一的国土海拔不足 1 米。天然地形劣势令荷兰面临来自海域和大河的水患侵袭，若无坚固的海塘和河堤保护，全境一半以上的土地将会被北海的浪涛淹没。

尽管荷兰面临频发的暴雨和风暴潮，但是其围垦区和城市仍能保证将水位控制在安全范围内，城市极少发生内涝，水质也被保持在相当洁净的水平，这得益于荷兰多年来不断尝试、调整、优化的水管理政策与手段。荷兰的水管理主要分为应对地面沉降、海平面上升的海洋水患，以及大规模降水所带来的洪涝水患，荷兰水管理地图如图 3-3 所示。荷兰实施全国统一的空间规划，整合不同领域、不同部门的多维度资源与要素以进行战略性布置，实现最优化配置的土地使用和空间布局。《荷兰空间规划法》根据行政等级将空间规划分为国家、省、市三级，不同级别之间相

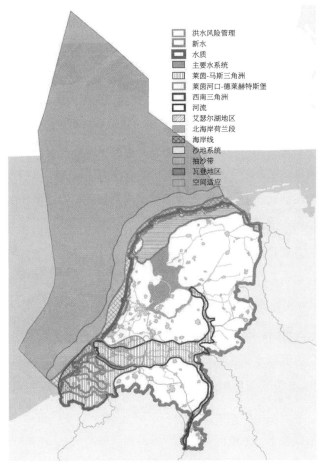

洪水风险管理
新水
水质
主要水系统
莱茵-马斯三角洲
莱茵河口-德莱赫特斯堡
西南三角洲
河流
艾瑟尔湖地区
北海岸荷兰段
海岸线
沙地系统
抽沙带
瓦登地区
空间适应

图 3-3　荷兰水管理地图

（资料来源：荷兰《国家水规划》，2016—2021）

互联系、相互协调，政策与战略自上而下降级传导。

　　在国家层面，荷兰制定了《国家水规划》《三角洲规划》《国家水资源管理愿景》等多项与水管理相关的规划，并频繁提到"韧性""抵抗力""恢复力"等概念，其水管理的理念十分先进。荷兰空间规划在顶层设计中主要考虑以下内容。①制定统一的指导方针。各项顶层规划都会对水管理的核心思路予以规定，如确定以适应和缓解为主的工作思路，或是明确建设便捷、宜居和安全的生存空间的目标。②明确各项工作的宏观要求。在国家级规划中需要对监测、评估、设计、实施等各项工作的开展提出起始性要求，如根据监测结果设置防洪优先级、制定科学创新的排水方案及国家标准等。

在省市级规划中，则根据国家级规划要求延伸出符合当地气候环境与经济特征的细则与标准，同时将宏观的《国家水规划》等落实并细化，制定河道规划与生态断面规划等具体指导建设的空间规划。将水管理规划与其他平行规划相衔接，如河道规划与城镇空间发展规划、土地使用相关规划、交通规划等进行对接与调整，为彼此找到合适的共存方式并留出足够的弹性空间。此外，规划实施的财政方案，以及社区与居民参与的政策，也要依据规划而制定，以组织各利益主体推进规划实施。

由于围海造田活动创造了大量的围垦区，而从事农业活动所需的灌溉用水则需要通过降水来提供，所以降水对荷兰来说从一开始就不是风险，而是珍贵的资源。荷兰处理降水的方式是以蓄留加引导为主，目的是让过量的雨水通过排流进入围垦区，以补充农业用水，在城市中则通过收集雨水来满足景观植被用水与生态环境塑造用水等需求，亦可在处理后将其当作生活用水。至 21 世纪，荷兰已经解决了排涝、防洪等常见的灾害风险，进入了滞留 — 储蓄 — 排放的模式实践阶段。

荷兰将大型的流域水文联合调动，塑造了一个具有生命力与自我调节能力的流域水系统。城市采取和围垦区相同的处理方式，建立了城市与围垦区、城市与城市、围垦区与围垦区之间的连接关系，形成了一个相互流通、传导的整体，可以实现区域间的快速排涝或补水，各地区共享资源、共担风险。荷兰境内的农业区与城市几乎不存在明显的界限，这为水系的连接和共同政策的落实提供了便利，通过河流、运河、溪流、沟渠的架构，实现了区域内水文的完全连通，所以荷兰对于雨水的承接能力极强。这种策略与演进韧性的思路不谋而合，或者说，演进韧性的特性正是对化解风险、高效集约利用资源方式的高度总结，视风险为机遇，不断调整自身以适应复杂环境。

荷兰的策略的另一个优势是从各个方面将城市整体与小的社区单元进行联合，实现了上下贯通的系统管理，这对于多层级、多尺度开发有着积极的借鉴意义。如在排水设施方面，"灰色设施"体系被"蓝色设施"体系替代，使排水层从地下上升至地表层，根据《国家水规划》标准，新建居住区内要设置开放式排水沟、明渠及串联式地表水网，整个系统连接至中心水生态花园或集中式雨水储蓄设施（蓄水池或储水罐）。在平日里，整套动态水循环系统便可达到良好的景观生态与资源再利用效果；在降雨时，承接雨水的屋面、硬质铺装等设施可快速将雨水收集至排水沟和明渠，然后将其引流到社区中心承接池，当承接池发生溢流后，便开启与上级城市排水系统连接的通道，将过量雨水引入城市水系。为了实现将地表径流快速排入地表沟渠，一般社区内会对路面或铺装进行降坡处理，加快水在地表的流动速率。

雨水进入城市水系统之后，可以实现多层级的雨水利用。有些方法是对雨水进行简单利用，作为生态用水、景观用水等，如将集中的暴雨积水经过处理后用于"水广场"，在平日里作为开敞空间中重要的环境要素；或是将雨水经过储蓄罐存储后，用作城市街道公厕的卫生用水（图3-4）。简单处理后，还可以通过先进的技术手段定制高科技设施，实现更高级别的水利用。如荷兰采取的"智能围垦区"系统，结合了水管理、能源生产和信息与通信技术，将排流的地表水循环加入城市建筑系统，利用不同季节地表径流温度的不同，来为建筑提供集热或冷却服务。新型排水设施在改善水质方面也有所帮助，如在智能围垦区，夏季较高温度的地表水可以储存热量，储存后的热量不仅可以用于冬季建筑的供暖，还可以防止水中产生肉毒杆菌和蓝细菌，对提升水质有极大帮助。

荷兰规划与实践在系统上形成了从空间规划到工程实施的管理逻辑，在尺度上形成了从大流域到小社区的综合管控，在每个层级都有据可依，而且都将应对暴雨内涝的措施落到实处，从而将全域水文都纳入管理的范畴。

水广场

公厕卫生用水

图3-4　对雨水进行简单利用

（资料来源：荷兰《国家水规划》（2016—2021）中的水利用新方法）

3.3.2 新加坡：专项政策引导社会协作

新加坡位于亚洲南部，毗邻马六甲海峡南口，北隔柔佛海峡与马来西亚紧邻，南隔新加坡海峡与印度尼西亚相望。新加坡境内地势起伏和缓，西部和中部地区由丘陵地构成，大多数被树林覆盖，东部及沿海地带都是平原，平均海拔17米。由于地处热带，常年受赤道低气压的影响，新加坡雨季持续时间较长，降雨频繁。淡水资源缺乏是新加坡面临的一个严峻问题，海水淡化成本高昂，频繁的降雨成为稳定的淡水来源。所以新加坡雨洪韧性的核心议题是雨水资源的储蓄与净化，再通过水文系统将雨水调配到各地进行再利用，以达到解决资源性用水短缺问题，提升城市品质与竞争力的目的。在此背景下，"ABC水计划"应运而生。新加坡水管理地图如图3-5所示。

"ABC水计划"的全称是"Active, Beautiful, Clean Waters Programme"，意为"活力、美丽、清洁全民共享水源计划"，即通过对水的高效集约管理，塑造高品质的生活空间，同时净化水，保持水资源的清洁健康，造福于居民与社会。相较于荷兰的生态水治理，"ABC水计划"弱化了防洪防涝、大规模流域治理的内容，更多将重点放在了社区生态及社会资源方面，强调雨水再利用后进入城市供水和景观系统的路径与方法。可持续性和整体性是"ABC水计划"中突出强调的理念特性，所追求的是通过这一项目的实施，实现环境、水体及社会的和谐共生（图3-6），不仅要实现防涝、蓄水等目标，还要利用这一项目调动各部门、各领域的积极性和创造性，共同为提升城市品质而努力，所以"ABC水计划"不仅是一项水专项计划，更是一项深刻的社会政策。如新加坡碧山宏茂桥公园就是落实"ABC水计划"的典型案例。公园在设计中采取了设置下凹式绿地、集水区等低影响开发措施，降低了地表径流系数与径流峰值，成为市政排水工程设施的重要补充，使城市在遭受暴雨扰动时不会出现内涝，有效地提升了城市应对暴雨内涝的韧性。

"ABC水计划"追求全方位、全领域、全过程的协同与配合，以水为核心展开各类专项计划，并在各部门工作中有所延展，这在土地使用计划和多部门机构合作上有明显体现。

首先在土地使用层面，"ABC水计划"打破了传统的土地利用模式，令单一的

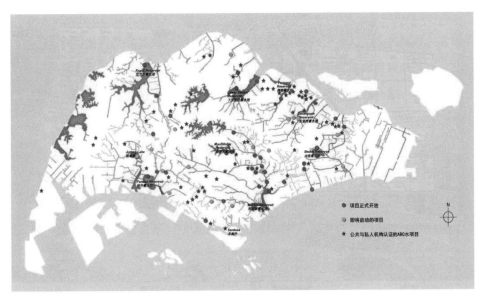

图 3-5　新加坡水管理地图

(来源：*"ABC" Design Guidelines 4th edition*)

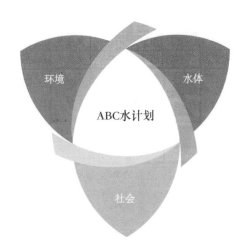

图 3-6　"ABC 水计划"

(资料来源：*"ABC" Design Guidelines 4th edition*)

土地使用功能变得更加多元，通过物质空间改造和技术手段使绿地、水体等与建筑恰当结合。土地整合规划布局的模式提升了蓄水效率与环境质量，在减小排水管线压力的同时也提升了地价，提升了整个地区的综合价值。

其次，在部门协作方面，新加坡公共事业局（PUB）是负责"ABC 水计划"的核心部门，其设立了一系列的专业部门与工作小组，组织协调其他部门如国家发展部、环境部、公园局、财政部等各司其职。PUB 在顶层与财政部协商后会获得国家财政补助，这部分资金会被算作政策红利，而且这些资金与开发商、私营技术部门等的投入相结合，这样降低了各方风险，打破各个利益主体边界，让各方为实现统一目标而努力。

公众参与也是计划中非常重要的一环，社会的响应为"ABC 水计划"的推进提供了巨大的帮助。PUB 会安排具体的计划宣传时间表，为公众讲解"ABC 水计划"理念和实施方式，以方便公众理解与支持计划的实施；同时在城市中布置各种节水、蓄水的设施、小品和公共空间，并开设"ABC 水计划"展览馆或示范基地，学校或社区等可以在此进行活动与培训等，使蓄水、节水观念深入人心，从而使整个计划更加顺利地开展。

新加坡的规划与实践侧重于管理与社会协作，这是由于其地域与人口规模较小，在组织层面可控性较强。管理与公众参与是城市韧性十分重要的组成部分，先发的规划与建设，与持续性的管理和维护，共同支撑了城市韧性在动态平衡之间的微妙调整与变化；同时，只有获得公众的支持，一项政策才可以在社会层面广泛地实施，从而将韧性理念与举措在生活中贯彻，实现由量变到质变的过程。

3.3.3　澳大利亚：城市设计加持雨水管理

澳大利亚除沿海城市外，大部分内陆城市都是干燥性气候，存在不同程度的水资源短缺问题，对于澳大利亚而言，将不多的雨水进行储蓄与再利用是十分重要的集水途径。因此，一系列节约水资源、减少水污染的活动开始在这片土地上兴起，经过数十年的总结与调整，澳大利亚形成了水敏性城市设计（WSUD）的范式。WSUD 创设的意义在于，它将城市的水管理落实在了城市设计的层面，在真正意义上考虑结合了自然科学和社会科学这两个领域，以期达成水、环境、社会的和谐。

由水敏性城市设计的性质不难看出，这项兼具水管理与城市设计双重属性的工作具有十分鲜明的特点。

第一，目标的综合性。由表 3-3 可以看出，两个学科对水要素的要求在出发点上就是不同的，可持续性水管理是从灾害防治、水量控制的角度去看待城市水问题的，水资源的高效利用是其中一个重要的课题；而城市设计是以景观、环境与美学等标准去衡量水元素在城市中的形态与功能，塑造特色、体现城市风貌等内容是其关注的要点。所以水敏性城市设计就需要结合二者的目标，将复杂交叉的目标进行综合，如此才能实现两个路径的和谐统一。

第二，工作的复合性。城市水管理和城市设计两项工作本身在权责界定上既有交叉又有区别，需要市政部门、交通部门、自然资源部门、城市建设部门的合力运作才能使这两个系统保持活力。但这些部门在办事流程、审批主体和设计标准等方面都不尽统一，所以在实践中，首先要按照《WSUD工程技术规程》的要求对每一项水敏性措施的设计图进行标准评定，其次要使用SWMM（暴雨洪水管理模型）来核算WSUD的管理成果，直至模拟结果达标后才可批准实施。

第三，政策的公共性。由于城市设计本身带有公共政策属性，WSUD的实施也会有普遍的公共效益。通过政策来实现水和空间两个元素的效益，需要大规模的公众参与，于是澳大利亚建立水敏性城市设计的网上公共平台，用以宣传与发布信息，包括实时的水文信息（水量、水质监测数据等）和示范项目等，这给水敏性城市设计的底层推广带来了极大的便利。

表3-3　水敏性城市设计的学科结合

可持续性水管理	城市设计
水资源供给	景观生态要求
雨洪灾害防治	城市特色与风貌
河道水环境	宜居性
污水处理与再利用	健康性
地下水开发与保护	经济社会要求
污染传播控制	时间空间的考虑
……	……

将水敏性引入城市设计，使城市设计加持城市水管理，二者合二为一保证城市的水文健康，使城市具有良好的景观与空间秩序

澳大利亚规划与实践通过城市设计的路径，将多学科的优势结合在一起，规避了不同部门、不同专业在城市建设层面的方向性差别，在对水这一要素的规划中形成了共识，相较于传统的城市设计，水敏性城市设计通过资源整合和学科交叉，将城市的适水性、宜居性提到了更重要的层面，并通过综合性管理实现城市区域内的

水资源平衡，使城市在应对外来冲击时表现出更高的韧性，满足城市日益增长的水资源需求，从而实现了良好的水管理效果。在澳大利亚的实践中，城市设计实现了在城市韧性发展中的平台作用，而不单单是工程设计层面的技术作用，这印证了城市韧性是一个综合性的概念，单独强调在某一个方面取极值并不能得到相应的结果，而是应该通过城市系统的多方位的协同去形成一个平衡态，这为其他相关规划与实践提供了方向与经验支持。

3.3.4 英国：可持续性城市排水系统

20 世纪 70 年代开始，水资源和水安全等问题日益严重，西方一些国家开始认识到传统排水方式的局限性，而此时恰逢可持续发展理念开始盛行，为可持续性城市排水系统的形成提供了思想基础。1999 年，英国在国家可持续发展战略和 21 世纪议程等政策的推动下，决定针对传统城市排水体制所造成的暴雨内涝、污染和环境破坏等问题，结合本土环境特征与社会经济发展情况，在借鉴美国最佳管理措施（BMPs）的基础上提出了可持续性城市排水系统（SUDS, sustainable urban draining systems）的概念，并于邓弗姆林东部开发区首次进行了开发建设实践，这是针对传统城市排水系统的短板所提出的更加具有创新性的排水系统，SUDS 径流处理流程如图 3-7 所示。在对 SUDS 的探索期间，英国建筑业研究和信息协会（CIRIA）制定了一系列可持续排水系统手册，以对相关设计与建设进行具体的工程指导，英国政

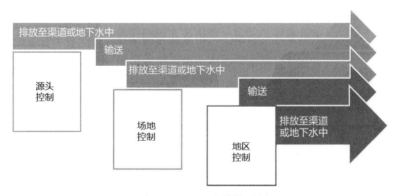

图 3-7 SUDS 径流处理流程

（资料来源：根据 Integrated Sustainable Urban Drainage Systems 文献改绘）

府也在城市开发的各阶段规划政策指引（PPG 25，planning policy guidance 25）中加入了有关避洪涝风险的内容。

传统地表雨水径流的处理和排放过程是割裂的，对水量、水质与舒适性的考虑是彼此独立的，而可持续性城市排水系统的先进性在于它将这三者进行了综合考虑，作为统一的城市水要素，三者本身就是密不可分的。这也就从传统排水系统只考虑技术与量的方法体系，转到了综合考虑景观、人类活动及资源循环利用的可持续方法体系。在综合规划层面，SUDS 主要有以下三个特征。

第一，源头控制。与低影响开发的理念一致，可持续性城市排水系统也认定从源头场地开始控制与利用雨水是最高效的方式，从降水中截取一定的水量将其蓄于原场地，将排出场地进入下一级排水系统的水量限制在一定的范围之内，这样就减少了排水链的整体荷载，同时，截留的雨水还可作为资源用水，或者回补地下水等。

第二，环境友好。可持续性城市排水系统对水量、水质与舒适性进行整体考虑，而采取地表措施诸如建造雨水花园等所占用的面积较大，因此合理的土地使用分配是一个问题。一般将 SUDS 设施与社区公园、绿地等结合设置，不仅可以节省用地，还可以通过蓄留的雨水打造宜人的景观。

第三，全过程整体考虑。可持续性城市排水系统需要将排水的整个过程都纳入考量之中，源头控制与终端控制的结合、污染物的传播途径等都需要统一的设计，其中关键的是如何将城市市政排水体制与可持续性排水设施融合。不管是将合流制改为分流制或混合制，还是提高管网设置标准，都是投资高昂而建造耗时长久的工程，但从效果来看，并不足以解决城市的洪涝灾害和水体污染问题。所以结合可持续性排水系统就显得十分必要了，如瑞典自 20 世纪 80 年代起就放弃了市政管网雨污分流的方式，采用了雨水入渗蓄留的方式从源头上削减径流，同样起到了改善城市水生态的效果。

以上几个国家的探索更多集中在韧性规划层面，注重体制化的运营与完善的管理，而良好的成效还需要具有实效的韧性措施与策略来指导具体的城市建设与管理，从而在制度和实施两个方面都做到有法可依，实现韧性策略的落地。各国家与地区在韧性规划的指导下，纷纷提出了各种行之有效的措施与策略，并将其应用在城市的建设与更新之中，掀起了一场改善城市水环境的热潮。美国、英国等国家较早在实践中应用了相关韧性措施，其中美国的低影响开发技术更是成为许多暴雨内涝问题研究的一种范式，中国在这一路径上也有自己的探索。

3.3.5 美国：低影响开发与源头控制

低影响开发概念，即 LID，在 20 世纪 90 年代末发源于美国马里兰州乔治王子县及西雅图和波特兰，由美国马里兰州环境资源署首次提出，在创设伊始，其理论核心是采用源头、分散式控制方法，如渗透、滞留、储蓄、蒸发、过滤、净化等，来控制场地的水文特征，以此来减少暴雨内涝灾害对当地水文情况所造成的破坏，尤其是在农业上的污染传播及洪涝灾害。其概念经过几十年的不断发展和完善，已到了比较成熟的阶段，并且与各个层级的规划紧密结合，低影响开发概念也由一种雨水管理手段上升到了深刻的理论层面。低影响开发概念的演变如图 3-8 所示。

低影响开发希望从源头上减少过量径流的产生，并将削减的雨水进行就地贮存与再利用，而实现此目标的方法就是采用绿地、雨水桶、透水铺装等低影响设施来对场地径流进行控制，这与传统的雨水管理办法有着本质的区别。在 LID 之前，城市解决雨洪问题的方式不外乎是采用大型工程性排水设施，对溢出的超量雨洪进行快排，减少其滞留在城市硬质地表的时间，但由于城市下垫面性质的改变与城市雨水污水系统的负荷限制，雨峰时的地表径流往往实现不了速排，甚至会形成长时间的积水。这种作用随着城市化的不断发展而逐渐失灵，以 LID 为代表的源头控制论逐步兴起并广泛地发挥功效。LID 与传统雨洪管理方式的区别如图 3-9 所示。起初，低影响开发模式只是简单地控制源头径流，水量是其唯一关注的点，而随着研究的推进，人们赋予了它更深层次的内涵，提出了以水质为主的水安全要求、以资源化利用为主的水资源要求、以水生态修复为主的水生态要求等，直至当前的可持续水循环观点，而这已经十分接近演进韧性在雨洪问题上的表征了。

虽然低影响开发的概念内涵不断丰富与深化，但其核心思路一直未变，即通过采用非大型排水设施与工程的措施，对场地施加低影响，使其能够恢复或接近其在开发前，也就是自然地表状态下的水文特征。低影响开发陆续积累并选择了一系列的指标来衡量这个水文特征的程度，包括年径流总量、径流控制率、峰时流量、峰现时间等，所以可量化评价是低影响开发的一大特色，它可以直接展示雨洪管理的

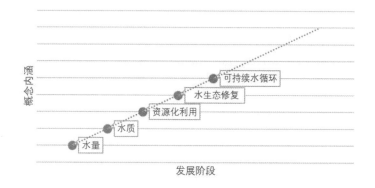

图 3-8　低影响开发概念的演变

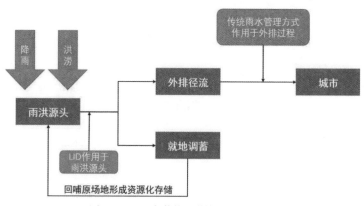

图 3-9　LID 与传统雨洪管理方式的区别

成效如何，因此可以广泛指导实践。

　　随着韧性的重要性的逐渐凸显，低影响开发模式逐渐成为世界各国解决雨洪问题的一个范式，得到了广泛的实践和研究。国外对低影响开发的研究开始较早，加上大量的实践性操作的积累，使其收获了大量的宝贵经验。从最初提出的 LID 到后期的绿色基础设施，始终贯彻着高效利用雨水资源、减少外排并提升以水为主的景观环境的理念。在前期的实践中，低影响开发模式确实起到了显著的成效，而且随着该模式的逐步深入运用，LID 的设计与实施也变得更加具体且细化。首先，LID的最终目标是全面、低成本地实施，以最大限度地提高流域的生态系统服务能力和恢复力，所以实操性与因地制宜是一项重要准则，在美国的实践中，不同地区会针对特定对象进行基础和应用研究，制定适合当地的 LID 设计规范，在当地进行演示，并为这些解决方案确定资助机制，通过在当地环境中解决这些技术问题，可以使 LID 目标被普遍接受，从而实现更有效和更有韧性的雨水管理。其次，LID 的实施需要公众支持与参与，如波特兰曾通过半结构访谈的形式收集数据，总结人们对绿色街道和雨水花园等雨洪韧性设施的评价与看法，从而在此基础上提出，小尺度规划和政策发展应促进社区内的人与自然的联系和加深对生态的理解。

近些年来，在国内的韧性发展中也引入了低影响开发的思路，围绕低影响开发技术体系的部分核心内容，包括低影响开发水文分析，低影响开发场地分析与规划，源污染的监测、分析与规划控制，土壤侵蚀与沉积物的规划控制，以及综合管理实践的技术设施体系的布局规划与设计等；同时，与流量、峰值和径流污染相关的参数计算方法、指标体系与数理模型等也逐步展开了应用。可以说，低影响开发的理念为中国韧性研究提供了实操层面的很好的范式，为我国海绵城市理念的发展提供了重要的技术工具。

3.3.6 中国：海绵城市指导下的雨洪管理

随着全球气候的变化与建成环境的多元化，加上历史建设水平与建设条件的限制，中国城市内涝、缺水、面源污染等问题逐渐暴露出来，故探索城市建设与水文关系的"海绵城市"理念应运而生。海绵城市是一种形象的表述，其学术术语为"低影响开发雨水系统构建"，国内有许多专家对其内涵进行过解读，其核心观点认为，在解决城乡水问题时，需要对主体进行扩展，从关注水体本身变成关注整个水生态系统，运用生态化的手段对水生态系统进行综合修复与调理，主要在四个服务层面体现其生态化功能，分别是供给服务、调节服务、生命承载服务和文化精神服务，通过全方位的服务功能，使水生态系统与城市生活实现更加和谐的相处。这一观点的核心论断是："海绵"是以景观为载体的水生态基础设施，这种研究需要以跨尺度的生态规划理论和方法体系为基础。在建设模式方面，海绵城市强调主动选择性，而非预先选择一种模式与理念去模仿或拟合。针对城市不同的水问题，流域、区域、新建区的"海绵体"发挥的生态功能和生态价值有所不同，这取决于地理单元的生态特性、评价目标、评价方法等主观和客观要素。其建设的尺度因具体的水环境目标而异。

国内关于海绵城市的实践主要分两种：一种是从生态学及景观生态学层面去践

行海绵城市思想，主要聚焦于水环境与水生态的提升，措施一般落实在区域生态斑块与设施的布局层面，希望在宏观水系统上发挥地理单元的"海绵"特性；另一种实践则是偏向在中微观尺度进行小尺度设计，一般落实在社区层面。与国外的韧性措施与策略相比，既有的海绵城市建设在我国已有了一定的基础与成果，也有了一系列的经验与心得，但在具体指导实践，特别是在分级实践的规划措施层面，手段较为单一，多数是在 LID 措施的基础上进行中国化的调整。

有关海绵城市的研究一直在推进，各领域学者均在对其理论深度与实践措施进行思考与改进。目前国内海绵城市研究的重点主要包括工程类排水系统的升级改造与优化布局方式、水文模型的构建与空间规划的结合、城市排水系统处理内涝能力的预估与核算，以及城市水文管理的效益分析等。在技术融合与学科交叉的大潮下，海绵城市建设开始从单一的给排水层面跳脱出来，去实现更加综合、系统的全方位控制与规划。海绵城市需要进一步结合韧性思想，在理念与策略层面持续提升，与中国的空间规划系统相结合，更加科学、合理、客观地指导中国实践。

3.3.7 研究趋势展望

综上所述，应对暴雨内涝的韧性研究主要呈现以下几种趋势。

1. 韧性理念不断深化

随着韧性理念从工程韧性到演进韧性的不断演变，其所包含的准则内涵也在逐渐深化。在坚固性、冗余性的内核不变的基础上，自组织、自学习、自适应的能力得到更多的强调，模块化、多尺度网络的原则也在被广泛提及，韧性系统被赋予了越来越多的生命张力，等待去解决愈加复杂的环境与社会问题。

2. 覆盖领域逐渐扩展

随着韧性研究的深入与实践的广泛开展，韧性的内涵与作用范畴都在不断加深和扩展，逐渐覆盖了小到社区雨水再利用，大到流域防洪的多尺度领域。从荷兰等国的建设经验来看，应对暴雨内涝的开发成了一项系统工程，涉及城市建设的方方面面。从平日的正常降雨到具备一定破坏性的暴雨扰动，再到较为严重的内涝灾害，对此城市均具备对应的解决方案与措施，这将是后续发展的方向与目标。

3. 管控手段趋于多样

开发与规划紧密结合，在宏观上把控方向。如荷兰的三角洲规划、"ABC 水计划"等，都是在对地区暴雨内涝问题有了明确的认识后，制定了一系列的水治理方案，所划定的界限与设定的目标都特别符合自身条件。同时，也可以和详细设计结合，制定规章与技术标准，从而更好地使规划落地，如我国出台的《海绵城市建设技术指南——低影响开发雨水系统构建（试行）》（2014），就是一种具有引导性与启发性的总则，各地可以根据总则的技术方法总结出适合本地区的具体建设指标与准则；另外，政策部署也具有重要作用，社区管理制度、居民集体治理意愿、暴雨内涝灾害保险产品等，都为韧性提供了社会金融方面的"软支持"。管控手段趋于多样化，同时构建一套多部门协作的工作方法，可以进一步通过发挥系统的自我更新能力来提升应对暴雨内涝的韧性。

4

建成环境与暴雨内涝的韧性耦合研究

不同于地震、火灾等突发性灾害，城市暴雨灾害表现出渐进性、累积性与多发性的特点，许多城市在一场暴雨后出现了大量积水现象，造成城市系统瘫痪，使暴雨事件上升为暴雨内涝灾害。从表象上看，人类活动造成的气候变化引起降雨量增多，然而内因是作为承载体的城市环境在面对暴雨扰动时表现出低韧性水平，城市的各类基础设施、应急避难系统、开放空间和应急管理措施等未做好应对暴雨的准备。因此提升城市系统的韧性是应对外界扰动的重要途径。

当前应对暴雨内涝多限于以暴雨为主体的研究，集中在内涝成因分析、预警、市政排水、雨水资源化等方面，调控措施主要面向工程、制度和经济领域，缺乏从城市空间规划角度对暴雨内涝进行分析和研究，未能深入探讨暴雨扰动与空间环境之间的作用机理。另一方面，一些针对暴雨的韧性指标着重于灾损评估，以及基于传统防灾学思维，多数评价体系尚不能很好地回应韧性的基本属性。因此，有必要对灾害（扰动）、城市建成环境、城市韧性三者之间的关联机理进行深入探索，梳理暴雨内涝的时空发展脉络；基于城市韧性的基本属性，建立城市韧性抽象概念与暴雨内涝城市问题之间的关联桥梁，提出多层次目标下的应对暴雨内涝的城市建成环境韧性理论研究框架，为城市韧性评价体系与设计方法的研究提供理论基础。

4.1　基于全周期过程和多层次目标的耦合机理研究

在当前应对暴雨内涝的国内外研究基础上，以城市韧性理念为指导，本书作了建成环境与暴雨内涝的韧性耦合研究，并基于以下思路进行优化。①关注城市建成环境，即空间维度；②基于暴雨发生时间，梳理孕灾、成灾、灾后时间脉络，基于暴雨内涝可能发生的地点梳理空间脉络；③对应时空脉络梳理各阶段的韧性目标；④对应韧性属性提出韧性因子研究框架。

基于国内外相关文献及我国暴雨内涝的历史资料，分别以暴雨内涝、城市建成环境、城市韧性为研究对象，探讨三者之间的关联路径（图4-1）。

暴雨内涝与城市建成环境。暴雨直接作用于具体的城市建成环境，通过对建成环境产生直接或间接的影响而与其产生关联。

城市韧性与城市建成环境。韧性作为一种抽象的概念，难以直接建立其与物质空间环境的联系。韧性的 4R 属性作为对韧性定义的深度解析，通过细分方式对韧性在各个方面所起作用进行了较为具体的阐述。

暴雨内涝与城市韧性。暴雨内涝与城市韧性的关联在于通过城市韧性的提升，能够在何种程度上应对暴雨扰动事件。

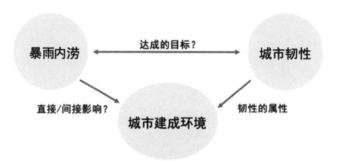

图 4-1　暴雨内涝、城市建成环境、城市韧性的关联路径

4.2　从"暴雨事件"到"内涝灾害"的全周期过程解析

4.2.1　暴雨内涝的作用对象及其影响分析

城市建成环境是暴雨内涝的承载体，可以被细分为建筑物、构筑物、道路、桥梁、地下空间、基础设施等，以及城区内的山体、水体、植被、土壤等要素。暴雨内涝的作用对象及其影响如表 4-1、图 4-2 所示。

表 4-1　暴雨内涝的作用对象及其影响

作用对象	可能产生的直接影响	可能产生的间接影响
建筑物	底层淹没	建筑功能丧失；人员滞留
	结构破坏	建筑损毁或坍塌；人员伤亡
构筑物	结构破坏	构筑物损毁或坍塌；人员伤亡
道路	道路淹没	交通阻塞或中断；人员伤亡

作用对象	可能产生的直接影响	可能产生的间接影响
桥梁	桥梁垮塌	交通阻塞或中断；人员伤亡
地下空间	暴雨灌入	功能中断；人员伤亡
基础设施	设施损坏	基础设施功能丧失；人员伤亡
山体	滑坡与泥石流	阻塞道路；人员伤亡
水体	水位上涨、堤岸破坏	沿岸淹没，功能中断；污染物流入引起水污染；人员伤亡
植被	植被损坏	交通阻塞；人员伤亡
土壤	水土流失	土壤污染

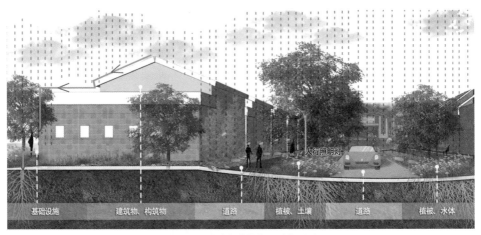

图 4-2　暴雨内涝的作用对象图示

4.2.2 暴雨灾害诱因分析

　　城市暴雨灾害的诱因可以概括为自然因素和人为因素两个方面，表现为暴雨多发和雨水调节系统处理能力的不足。依据联合国相关统计数据，世界范围内地震等灾害发生次数相对稳定，而风暴和洪水的发生次数不断增加，这表明世界范围内由于气候变化所引发的灾害风险正在增加，而这些灾害影响很大程度上在于人类活动导致灾害的可能性和人类活动造成自身抵抗灾害能力下降的可能性，世界范围内的重大自然灾害发展趋势如图 4-3 所示。高密度中心城区作为城市中各类要素最为集中的区域，自然生态环境受人工改造影响巨大，城市人口、建筑及各类活动等高度集中，热岛效应和雨岛效应日趋严重，致使其发生暴雨灾害的可能性也较大。同时，在快速的城市建设进程中，高密度的发展模式使城市应对暴雨的调节系统不完善，进一步增加了暴雨成为城市灾害的可能性。具体表现如下。

① 城市下垫面的变化使原本可调蓄雨水的自然系统失去作用。城市建设对原有地形地貌进行了较大改变，城市的高强度开发造成地面沉降，并且由于建设的需要，一些原本具有雨水调蓄功能的洼地、山塘、湖泊、水库等被侵占、缩减甚至填埋，降低了城市应对暴雨的能力。

② 大量自然生态地表被人工硬质地面覆盖，导致城市下垫面不透水的人工覆盖面增多，雨水难以下渗，从而增加了地表径流，加剧了暴雨影响。

③ 我国多座城市在排水系统方面的不足也是造成暴雨成为灾害的重要原因。暴雨强度公式仍然沿用 20 世纪的指标，雨水重现期设定较低，而世界气候的变化、我国城市的快速发展致使使用的设施难以满足实际需求。

④ 高密度中心城区在建设中由于用地限制而积极发展立体空间，大量下穿式立交和地下空间的出现对城市排水系统提出了更高的要求，而在这类空间中暴雨洪灾发生的危险性比地上空间更大。

⑤ 城市暴雨灾害涉及多个部门和专业，而我国在防灾系统组织上仍存在各单位领域自成系统的问题，资源共享性较弱，水平参差不齐，职责权限交叉和分割，未能形成分工和协作的良好机制。

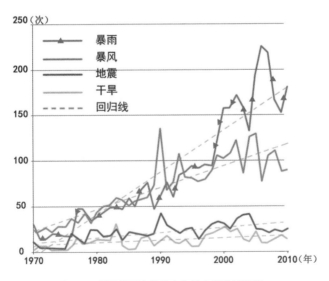

图 4-3　世界范围内的重大自然灾害发展趋势

4.2.3　暴雨内涝产生发展过程

暴雨是一种气象类型，其自身并不代表成灾与否；暴雨形成的内涝才是对城市建成环境产生威胁的主要灾害。因而应将"暴雨内涝"而非"暴雨"定义为韧性研究的扰动事件。"暴雨内涝"同样表明了城市韧性研究的时间线索，当暴雨事件发生后，由于各类自然或人工要素条件的差异，城市建成环境可能经历这一全周期过程的全部或部分环节。应基于"暴雨事件至内涝灾害"的全周期过程进行城市韧性的研究，塑造应对暴雨内涝扰动的韧性城市空间环境。

综合空间作用形式和时间作用过程，构建应对暴雨内涝事件的韧性城市空间，应使城市建成环境达到以下目标（t_1~t_4简要地描述了暴雨内涝发展的四个阶段）。

第一阶段（t_1）：为暴雨事件发生至产生影响阶段，此时城市各项系统仍维持正常运转，暴雨发生时能避免或减轻直接和间接影响。

第二阶段（t_2）：为暴雨超过排水系统承载能力形成内涝阶段，此时城市各项系统可能部分功能受损，但仍保持城市系统基本功能正常运转或维持较长时间正常运转。

第三阶段（t_3）：为暴雨突破城市系统稳定临界值阶段，此时城市各项系统功能紊乱甚至瘫痪，居民能快速有效避难，救援、医疗能快速有效响应，生命线系统保持稳定。

第四阶段（t_4）：为内涝消退阶段，此时城市各项功能恢复至原始状态或达到新的平衡状态。

4.2.4　基于多层次目标的建成环境韧性提升任务分解

城市建成环境是承载暴雨内涝的主体，同时也是韧性提升的主要对象，然而并不是所有的空间环境要素均对韧性提升有作用。因此，应研判具有何种特征的空间环境要素能够或者有潜力达到韧性提升的目标。将各空间环境要素与韧性属性建立关联，在应对暴雨内涝的特定环境下对韧性属性进行解读。基于暴雨内涝的发展过程，结合城市韧性属性、多层次目标对城市建成环境韧性任务进行分解，如表4-2所示。

表 4-2 基于暴雨内涝的发展过程对城市建成环境韧性任务进行分解

韧性属性	时间阶段			
	t₁	t₂	t₃	t₄
坚固性	建筑不漏水、不进水			
	地下空间不进水			
	建（构）筑物外部构件坚固，不易掉落	建筑物、构建物坚固		
		山体护坡坚固		
		水体堤岸坚固		
		排水系统坚固		
			生命线系统坚固	
冗余性	可避雨的城市空间	暴雨水位标高之上的建筑内部、建筑之间、街区内部、街区与外部之间均能保持正常的交通联系		
	不积水的城市道路			
	排水系统部分堵塞、被破坏，仍可正常使用			
			生命线系统冗余性	
资源可调配性	通过多种形式排水			
	通过多种形式储水			
			调动社会物资运输	
			调动救援物资	
			可供居民转移的场所	
				调动用于恢复重建的资源
快速性	快速排放地表径流			
			开展救援活动	
		实施居民转移活动		
				开展修复活动
				开展重建活动

t₁，暴雨发生阶段。主要任务一方面是应对强降雨所产生的直接影响，即影响人员的避雨和通行，建筑与地下空间的漏水，以及山体护坡、水体堤岸受雨水冲刷破坏等；另一方面是快速排放地表径流避免积水造成内涝，包括通过排水管网进行排水，以及通过雨水花园等低影响设施吸收和储存一部分雨水等。

t₂，内涝形成阶段。具体目标是保证城市各系统不受或少受影响，社会各类功能正常运转，居民无须避难，只需要等待暴雨停止、内涝消退即可。主要任务是尽快排放地表积水，在高于暴雨水位的标高之上维持城市各类活动的正常运转。即暴雨水位标高之上的建筑内部、建筑之间、街区内部、街区与外部之间均能保持正常的交通联系；暴雨水位标高之下的建筑物、构筑物等结构稳固，可以设置临时且可浸的功能空间。

t_3，内涝持续阶段。城市部分系统功能已经停止并需要实施应急响应措施，建筑功能受到一定影响，居民需要转移和避难。此阶段的韧性提升任务一方面是保证各类建筑物、构筑物的结构坚固，在长期浸水作用下不会坍塌，最大限度地保证城市生命线系统维持运转；另一方面通过调动各方面社会资源运送物资、快速开展救援和避难活动。

t_4，内涝消退阶段。城市部分物质空间环境受到破坏，此时应开展空间环境修复和功能修补行动。韧性提升任务是快速修复城市各项系统，使城市系统逐步恢复到初始状态或者达到新的稳定状态。在这一过程中，要总结积累韧性提升的相关经验，从而积极应对未来可能的暴雨内涝事件。

4.3　应对暴雨内涝的城市建成环境韧性理论模型

4.3.1　应对暴雨内涝的城市建成环境韧性因子集

从生态环境和空间形态两个方面总结城市建成环境要素，并将其细分为若干核心要素及其子要素。如生态环境要素可包括气候、土壤、绿地植被和水体等核心要素；空间形态要素可包括用地布局、道路交通、基础设施、开放空间、建筑形式等核心要素，每个核心要素又分为若干子要素。将城市建成环境要素与韧性提升任务建立关联并进行作用机理分析，在此基础上进行筛选和提取能够发挥韧性作用的空间环境要素，形成韧性因子。剔除重复定义的相关要素，如建筑密度与地表不透水用地比例存在一定的包含关系，剔除建筑密度而选用后者能够更全面地反映研究对象应对暴雨内涝扰动的实际情况。最终总结提炼应对暴雨内涝的城市建成环境韧性因子集（表4-3）。

① 用地布局方面，地表透水区是城市低影响开发的重要组成部分，其通过吸收、减缓和储存雨水的作用成为应对暴雨内涝的第一道防线，也为暴雨径流提供了排水和储水等多种形式。内涝发生后，街区内的用地混合布局增加了提供多种类型物资

的可能性，街区内如设有高于暴雨水位的救援或医疗建筑可更快速实施救护活动。另外，被城市道路环绕的街区与外界的联系更加方便，可以更快捷地实施疏散和救援，这一属性可以通过街区外界面相邻道路长度占街区周长的比例来确定其强弱。

② 道路交通方面，街区与外界的联系，以及街区内部各部分之间的联系是一项重要指标，是街区在暴雨期间正常运转和在内涝中后期实施有效疏散、救援及恢复重建的保障。值得注意的是，高于暴雨水位的交通设施是暴雨期间实际有效的交通方式，其不仅包括各类地面城市道路，还包括多层桥梁、步行天桥及建筑间的空中连廊等，相关指标包括这些设施的数量、可达性和连续性。与此同时，如设有水上交通和空中交通则更有利于优化道路交通系统的冗余性。

③ 基础设施方面，市政排水管网采用网络状的布局方式比枝状布局更具冗余性，在应对暴雨内涝时可以有多种替代方案。排水管网的管径尺寸、雨水井等排水设施密度都对排水速度影响较大。供水、供电等其他生命线系统的设防等级和备用系统也是暴雨内涝过程中街区正常运转，以及与外界联系的重要保证。

④ 山体水体方面，临近山体或水体的街区应保证护坡、堤岸、桥梁等设施应对暴雨时具有较高的设防等级，防止暴雨引发山体塌陷、泥石流及河湖决堤；同时河流湖泊也是雨水资源化的重要载体，可以有效储存暴雨径流。

⑤ 开放空间方面，自然植被和场地是低影响开发的重要空间载体，可以结合景观设计布置雨水花园、蓄水池、植草沟等韧性景观和设施。提高各层级的开放空间绿地率，提升城市可浸区面积和比例，增强开放空间吸收、储存、净化雨水的能力，形成完善的城市雨水管理系统。设置可避雨的空间、建设高于暴雨水位的开放空间也是重要的指标。

⑥ 建筑形式方面，设置绿色或蓝色屋顶可以促进雨水的吸收和储存；提升建筑防水性能够直接保证建筑抵御暴雨洪水影响，也可以设置闸门等暴雨临时设施，以及将建筑底层空间设置为洪水可浸空间，使建筑出入口标高高于暴雨水位等，保证建筑在暴雨期间的正常运转；另外，建筑内部功能混合和空间形式的开放能够保证建筑在暴雨期间正常使用，并使其与外部可通行路径相联系，形成暴雨来临时的避难空间和疏散路径。

表 4-3　应对暴雨内涝的城市建成环境韧性因子集

项目	韧性因子	坚固性	冗余性	资源可调配性	快速性
用地布局	地表透水区占总用地比例	吸收、减缓和储存雨水		多种形式排水、储水	
	用地混合布局			提供多种类型物资	
	高于暴雨水位的救援或医疗建筑比例			调动社会物资运输	
	街区外界面相邻道路长度占街区周长的比例			调动救援物资运输	开展救援活动
道路交通	道路、空中连廊比例		可避雨的城市空间		
	高于暴雨水位的路径数量		不积水的城市道路;在暴雨水位标高之上保持正常的交通联系	调动社会物资运输;调动救援物资运输	开展救援活动
	高于暴雨水位的路径可达性				
	高于暴雨水位的路径连续性				
	设有水上交通系统		积水时交通系统仍能正常运转		
	设有空中交通系统				
基础设施	排水管径尺寸				快速排放地表径流
	排水设施密度				
	排水管道是否设置多种回路方式		部分堵塞或被破坏仍可正常使用		
	生命线系统的设防等级	生命线系统坚固			
	设有生命线备用系统		受损坏时系统仍可正常运转		
山体水体	山体护坡设防等级	山体护坡坚固			
	水体堤岸设防等级	水体堤岸坚固			
	桥梁设防等级	桥梁坚固			
山体水体	河流湖泊等的可储水的能力	吸收、减缓和储存雨水		通过多种形式储水	
开放空间	可避雨空间面积比例		可避雨的城市空间		
	可浸区能够储水的能力	吸收、减缓和储存雨水		通过多种形式储水	
	高于暴雨水位的开放空间面积比例		在暴雨水位标高之上保持正常的交通联系	可供居民转移的场所;开展恢复重建的场地	快速开展修复活动

项目	韧性因子	坚固性	冗余性	资源可调配性	快速性
建筑形式	绿色、蓝色屋顶的建筑比例	吸收、减缓和储存雨水		通过多种形式储水	快速开展修复活动
	建筑屋顶、外墙等的防水性	建筑不漏水、不进水			
	设置防暴雨装置（闸门等）	建筑不进水			
	底层设置具有可浸性功能的建筑比例		保持功能正常运转		
	具有高于暴雨水位连廊的建筑比例		在暴雨水位标高之上保持正常的交通联系	调动社会物资运输；调动救援物资运输；可供居民转移的场所	
	出入口标高高于暴雨水位的建筑比例	建筑不进水	可避雨的城市空间；在暴雨水位标高之上保持正常的交通联系		
	出入口标高高于暴雨水位的地下建筑比例	地下空间不进水			
	单个建筑内部的功能混合程度			提供多种类型物资	

4.3.2　应对暴雨内涝的城市建成环境韧性理论模型

本书编写组综合运用德尔菲法和层次分析法，分别对各韧性因子对应属性及对应暴雨内涝不同时间阶段下的影响权重进行评价。不同维度下韧性因子权重模型示意图如图 4-4 所示。例如，在暴雨内涝某特定时间阶段内，某一韧性因子可能在坚固性和冗余性属性下不发挥作用，并在资源可调配性与快速性属性下分别发挥强弱不同的作用 [图 4-4（a）]；或者某一韧性因子在某 4R 属性下，随暴雨内涝的时间阶段发展变化，其发挥作用的强弱也可能发生波动 [图 4-4（b）]。

选取足量的典型街区，运用 GIS（地理信息系统）对宏观尺度的空间环境进行仿真模拟，将分析获得的汇水信息嵌入 SWMM 模型中进行进一步的仿真模拟。基于 SWMM 模型进行暴雨内涝扰动的模拟计算，得到韧性因子的相关性数据矩阵，辅助韧性因子进行评价决策。

在此基础上根据城市韧性属性、因子评价权重以及暴雨内涝的时间阶段，构建应对暴雨内涝的城市建成环境韧性理论模型（图 4-5），立体化地展现各韧性因子在

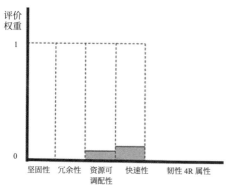

（a）在暴雨内涝某特定时间阶段内，某一韧性因子对应
不同韧性属性下的评价权重

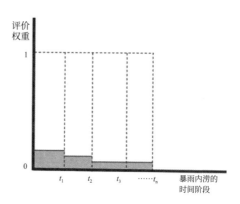

（b）某属性下，某一韧性因子对应暴雨内涝不同时
间阶段内的评价权重

图4-4 不同维度下韧性因子权重模型示意图

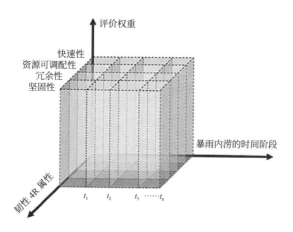

图4-5   应对暴雨内涝的城市建成环境韧性理论模型

不同时段针对不同韧性属性所发挥的作用。

以城市空间为研究主体，基于城市韧性理念从全局、动态的角度探索暴雨内涝扰动与城市建成环境之间的作用机理，从国土空间规划和城市治理的角度，在城市、街区、建筑各个层面进行城市暴雨内涝的系统性、全局性研究，可以有效突破单一市政工程系统和微观措施研究的限制。这种理论方法的思想内核与传统暴雨内涝防灾的重要区别，在于其关注暴雨内涝扰动与城市空间环境之间的全过程作用机理，为提出具有适应性的空间规划原理和设计方法提供科学依据。

依据应对暴雨内涝的建成环境韧性理论框架，可以针对各城市街区开展韧性评价，并进行基于韧性因子的仿真模拟。对同一街区的韧性因子取值进行调整，对比方案调整前后的暴雨内涝影响结果。为可量化的韧性因子确定最佳取值范围，为不可量化的韧性因子提出优化方向和优化措施。

从城市空间规划途径进行科学的规划、设计和管理，主动塑造具有韧性的城市空间环境，可以避免或降低暴雨内涝灾害风险，增强城市系统的适应、学习和修复能力，实现城市建成环境的绿色、健康、可持续发展，有助于城市化地区乃至更大腹地区域摆脱暴雨内涝灾害的不利影响。

5

应对暴雨内涝的建成环境韧性单元划定

空间环境维度的城市韧性研究以城市建成环境为研究对象，但不同研究所选取的研究基本单元不同，多个研究之间往往难以进行横向比较。因此，划定易于比较、易于操作的城市韧性单元是开展下一步具体研究的基础。城市中各类空间环境要素，包括建筑物、构筑物、场地铺装、绿地植被、道路桥梁、市政管网等的布局和配置，在应对暴雨内涝问题方面均发挥一定的作用。以上各类空间环境要素在与暴雨内涝相关的研究领域中，均有不同的单元划分依据，如排水系统中的汇水分区、排水流域等，城市规划系统中的行政区划、道路界线、城市用地分类等，防灾减灾系统中的应急疏散道路和避难空间覆盖范围等。同时，研究中还可能涉及不同区域在气象特征、地形类型、用地标高、可浸区比例、淹没区位置、缓冲区范围等方面的差异。

物质空间维度的韧性研究须在较为确定的尺度和范围内进行，因而研究中需要进行空间网络叠合，并进行基础研究单元范围的再划定。韧性单元指按照一定标准划分的、不可再分的基本地理区域，各单元内部具有相近的属性特征，空间上具有相对明确的地理边界。韧性单元划定是对空间环境要素进行标准化、单元化的过程，以韧性单元为基本单位整合城市各类物质空间要素，能够促进对暴雨扰动与承受扰动的城市建成环境之间的相互作用的关系研究，进而有针对性地提出城市空间韧性提升方法，增强城市应对暴雨扰动的能力。研究基于 GIS 平台的多要素叠合分析，在气象学、景观学、城乡规划学、防灾减灾科学与工程等相关学科的多重限定下，提出合理划定应对暴雨内涝的建成环境韧性单元的方法。

5.1 基于多学科的韧性单元划分标准

5.1.1 暴雨内涝研究的相关学科

城市暴雨内涝灾害的形成是动态的累积性的过程，在特定条件下暴雨事件会随时间推移演变为暴雨灾害。暴雨内涝产生与发展的时间线经历了开始降雨、形成积水、形成严重内涝，直至造成城市暴雨内涝灾害的过程，最终将导致城市空间系统的结构破坏及城市功能的中断或丧失。

暴雨内涝灾害的形成发展过程涉及多个学科，不同学科应对暴雨内涝研究所侧重的时间阶段不同（图5-1）。其中，气象学、生态学等学科主要关注暴雨事件发生前及发生过程，以气候变化所引起的降水异常为主要研究背景，分析降水的时间与空间分布特征等；景观学、城乡规划学、建筑学等学科的主要关注点为城市物质空间系统，聚焦于暴雨发生过程与积水形成，城市的土地、建筑及各类环境要素是暴雨的主要承载体，在很大程度上决定了城市暴雨内涝事件的发生与否及其影响程度；水利工程、防灾减灾科学与工程等学科主要关注内涝灾害发生后的恢复与韧性提升，通过分析内涝形成机理提出内涝灾害风险评估方法，并通过灾害应急管理与水利工程措施降低灾害风险。

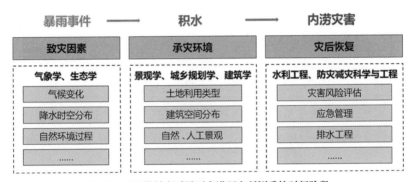

图5-1　不同学科应对暴雨内涝研究所侧重的时间阶段

5.1.2　多学科应对暴雨内涝的研究对象与技术方法比较

通过文献总结与暴雨内涝时间线的梳理，发现在物质空间维度下与暴雨内涝关系最密切的相关学科是气象学、生态学、景观学、城乡规划学、建筑学、水利工程、防灾减灾科学与工程等。不同学科对暴雨内涝研究的侧重点不同，并根据研究视角的不同采用多样化的技术手段，提供多学科视角下的内涝问题解决方法，应对暴雨内涝的多学科研究如表5-1所示。

① 致灾因素角度。气象学、生态学领域的暴雨内涝研究主要关注降雨事件本身，研究对象主要为极端暴雨天气、风险区划等，研究内容主要包括降水的时空分布特征、监测预警及气象服务，所运用的技术手段包括 ArcGIS（地理信息系统系列软件）、GPS（全球定位系统）、内涝仿真技术等。

② 承灾环境角度。景观学、城乡规划学、建筑学领域的暴雨内涝研究关注城市空间要素与内涝灾害的作用关系，相关学者运用多种情景模拟模型进行灾害风险评估与分析，其中应用最广泛的包括 SWMM 模型（暴雨洪水管理模型）、InfoWorks ICM 模型（高级集成汇流建模软件）、SCS 水文模型等。在景观学的视角下，内涝灾害又被视为城市景观格局所导致的负水文效应。景观学领域学者从景观要素与城市内涝的关系出发，研究对象包括不透水斑块、景观破碎度、绿地景观格局、斑块聚集度等要素。

③ 灾后恢复角度。水利工程、防灾减灾科学与工程相关学科研究多以排水管网、雨洪利用、低影响开发为主要关注点，其重点是利用工程措施控制城市降雨径流。近年来技术的发展促进了水利领域研究精度的提升，相关学者广泛运用 SWMM 模型、MIKE 模型等技术手段进行内涝特征与减灾措施研究。

表 5-1　应对暴雨内涝的多学科研究

研究视角	学科领域	研究对象	技术方法
致灾因素	气象学、生态学	暴雨天气、短历时暴雨、风险区划、极端暴雨等	Mann-Kendall 检验、经验模态分解、ArcGIS、GPS、内涝仿真技术等
承灾环境	景观学、城乡规划学、建筑学	绿地空间、用地结构、土地利用、海绵城市、综合规划；不透水斑块、景观破碎度、绿地景观格局、斑块聚集度等	ArcGIS、SWMM 模型、InfoWorks ICM 模型、SCS 水文模型、神经网络模型等
灾后恢复	水利工程、防灾减灾科学与工程	排水管网、雨洪利用、低影响开发；灾害风险、脆弱性、经济损失、应急救援等	IFMS/Urban 模型、SWMM 模型、MIKE 模型、二维浅水非恒定流、水动力模型等

通过比较应对暴雨内涝的多学科研究发现，暴雨内涝研究涉及气象学、城乡规划学、景观学、水利工程、防灾减灾科学与工程等多个学科领域。在研究对象方面，各学科的研究重点不同，研究尺度也存在较大差异。在研究方法方面，不同学科借助多种数值与情景模拟工具开展研究，其中 SWMM 模型在各学科中均有广泛应用，该模型能够模拟降水－径流的动态变化过程，单一降水事件与长时间水量控制均可采用该模型进行演算，以此作为后续模拟验证的技术手段。

5.1.3 应对暴雨内涝的多学科边界条件研究

1. 研究边界条件

边界指相邻地理区域之间的界线，研究边界即任意两个基本研究单元之间的地理界线。多学科应对暴雨内涝的研究侧重点各不相同，研究尺度涵盖从微观的街区、城区尺度到宏观的流域、区域尺度，形成了不同的研究边界条件（表5-2）。其中，气象学领域研究视角较为宏观，边界条件主要以气候分区、行政区划与流域为主；城乡规划学领域研究以行政区划为基础，并根据用地分类、道路界线等要素将研究区域划分为基础单元；景观学领域研究分别从景观格局的角度研究划分用地类型和研究边界；水利工程领域研究多从排水分区、流域角度出发，利用GIS工具将研究区划分为不规则网格或等间距栅格；防灾减灾科学与工程领域研究则依据道路界线、地形地势、建筑物分布等进行研究边界限定。

表5-2 多学科应对暴雨内涝的研究边界条件

学科领域	边界条件	数据类型
气象学	气候分区、行政区划、流域	行政边界矢量数据、水系矢量数据
城乡规划学	行政区划、用地分类、地形地势、道路界线	Landsat遥感影像、土地利用矢量数据、DEM、道路矢量数据
景观学	河流水系、雨洪斑块、雨洪廊道、基底	Landsat遥感影像、DEM、水系矢量数据、土地利用矢量数据
水利工程	排水分区、流域、不规则网格、等间距栅格	DEM、水系矢量数据、道路矢量数据
防灾减灾科学与工程	道路界线、地形地势、建筑物分布	Landsat遥感影像、DEM、建筑物矢量数据、道路矢量数据

2. 边界条件总结

① 行政区划。在不同的边界条件限定下，各领域学者采用不同方法与多种类型的数据开展研究。城乡规划学领域多在理论提出的基础上进行典型区域的实证研究，研究区域大多以行政区划为宏观限定条件，并多以区县级行政边界作为单元划定标准。

② 流域/排水分区。流域/排水分区作为综合地形地势、水系分布的要素，是气象学、水利工程和城乡规划学应对暴雨内涝研究的重要边界条件，相关数据类型包括DEM（digital elevation model，数字高程模型）、水系矢量数据、倾泻点数据等。

划分排水分区大多基于 ArcGIS 水文分析模块，通过流向流量计算、河网连接与分级、捕捉倾泻点等操作提取分水岭，分区边界即小流域或排水分区分界线（图5-2）。

③ 道路界线。城乡规划学和防灾减灾科学与工程的研究主体为物质空间系统，此领域下的暴雨内涝研究大多以街区或社区为基础的研究单元，即以城市道路作为单元划分的边界条件；在防灾减灾科学与工程领域研究中，城市道路同样是防灾减灾基本单元划分的重要因素，道路系统作为重要的疏散与救援通道，在灾前预防、灾中疏散、灾后救援等环节中发挥着关键作用，道路界限示意图如图5-3所示。

④ 河流水系。城市范围内所有河流、湖泊等水体共同构成城市水系网络，其水文条件直接影响城市的径流调节能力。在景观学、水利工程研究中，常采用河流水系作为直接或间接的边界划定条件，采用水系矢量数据作为研究数据，如直接以水系作为研究区域网格划分边界，或以水系为基础进一步划分城市流域，以小流域作为研究基本单元。

⑤ 不规则网格或等间距栅格。除上述以地物要素为边界条件的形式外，以气象学、水利工程为代表的研究领域广泛采用不规则网格、等间距栅格等作为基本单元的划定方式。此类基本单元划定方式舍弃对行政区划、道路等人工限定要素的考虑，对地形地势、降雨量等相关要素进行单元化处理。此方法适用于不受地物要素影响的研究，而应对暴雨内涝的建成环境研究以城市地形、建构筑物等空间要素为主要研究对象，不宜采用不规则网格与等间距栅格划定方式。

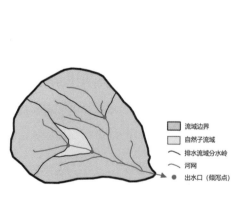

图5-2 小流域或排水分区分界线

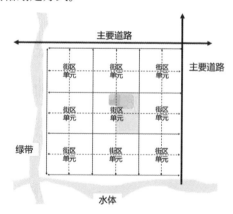

图5-3 道路界线示意图

（资料来源：杜菲，岳隽，陈小祥，等．面向单元化风险管理的人居安全格局构建——以深汕特别合作区为例 [J]. 规划师，2020, 36(7): 80-86）

5.1.4 应对暴雨内涝的韧性单元边界条件的确定

1.韧性单元边界条件筛选原则

在多学科边界条件研究的基础上，可总结出气候分区、行政区划、流域/排水分区、河流水系等10项单元边界条件，单元划定边界要素筛选过程如图5-4所示。结合本研究的出发点和研究目的，对多学科边界条件进行筛选，从而确定应对暴雨内涝的城市建成环境韧性单元边界条件，筛选原则包括以下三点。

（1）关联性

首先，本研究的出发点为城乡规划学视角，研究对象是城市建成环境内的建筑、道路、绿化、下垫面等物质空间要素，因此边界条件应与此类城市物质空间要素具有密切关联性。在10项单元边界条件中，雨洪斑块/廊道/基底多用于研究植物群落、

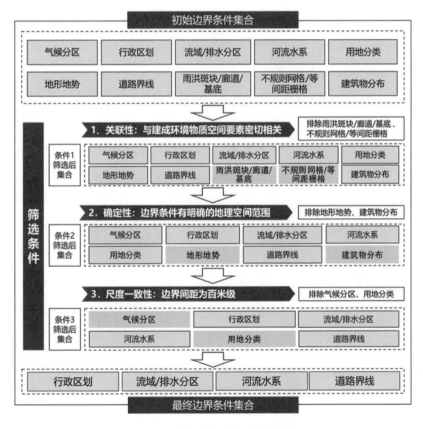

图5-4 单元划定边界要素筛选过程

湖泊、草原等自然生态要素，它们往往自成体系，与人工环境要素边界条件的关联性弱，难以进行空间叠加；不规则网格/等间距栅格的单元划分方法在一定程度上忽视了单元内部在空间环境上的差异性，掩盖了城市建筑、道路等物质空间环境的真实情况，同样不符合关联性原则。

（2）确定性

基于 GIS 平台的多图层叠加需要，各初始图层具有明确的地理空间范围，该范围内可以有点状、线状或面状要素。在多学科单元边界条件中，地形地势、建筑物分布两项边界条件由于划分精度和划分标准的不同会形成不同的边界划分结果，尚无明确、统一的边界范围，且地形地势和建筑物分布作为暴雨内涝研究的重要因素，需要借助其他边界条件来体现，不符合确定性原则。边界条件集合中，流域/排水分区的划分过程综合考虑了排水地区地形、水系等要素，故以流域/排水分区划分表征地形地势的要素；而城市中建筑物分布多以道路为界形成不同的街区组团，故道路界线能够在较大程度上表征建筑物分布情况。

（3）尺度一致性

本研究主要层次范围为城市中心城区，重点研究尺度规模为平方千米级，故筛除间距过大、过小或尺度不一致的单元边界条件。在 10 项单元边界条件中，气候分区尺度过大，通常情况下同一城市范围内所有区域均属同一种气候类型，因此不用考虑气候分区边界与其他边界的叠加；用地分类边界的尺度一致性较弱，不同用地间面积的差异性将导致各单元初始条件不同，对后续研究的精度有较大影响，且现状用地边界数据可获取性较差，同样将其筛除。

2. 韧性单元边界条件确定

在边界条件筛选原则的限定下，将多学科边界条件初始集合中的 10 项要素进一步筛选为 4 项要素（图 5-5），最终确定行政区划、流域/排水分区、道路界线、河流水系为应对暴雨内涝的韧性单元边界条件（表 5-3）。

其中，行政区划以中华人民共和国自然资源部国家标准地图为准，以区县级行政边界为最小单元；采用 ArcGIS 平台中的水文分析模块进行流域/排水分区的划定，数据来源为地理空间数据云网站，DEM 数据分辨率为 30 m×30 m；道路界线数据来源为 OSM（公开地图，OpenStreetMap），数据类型为 Shapefile 要素类，道路级别

包括城市主干道、次干道、支路；河流水系数据来源为OSM，数据类型为Shapefile
要素类，水系级别包括干流、一级支流与二级支流。

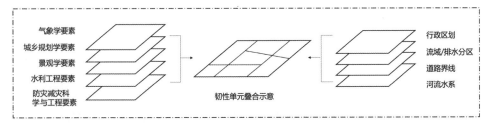

图 5-5　应对暴雨内涝的多学科边界条件研究框架

表 5-3　应对暴雨内涝的韧性单元边界条件

边界条件	数据类型	数据精度	数据来源
行政区划	行政边界矢量要素	区县级行政边界	自然资源部网站 国家标准地图
流域/排水分区	DEM 高程栅格数据 倾泻点矢量数据	分辨率 30 m×30 m	地理空间数据云
道路界线	道路 Shapefile 要素类	城市主干道、次干道、支路	OSM 数据
河流水系	水系 Shapefile 要素类	干流、一级支流、二级支流	OSM 数据

5.2 基于京津冀典型区域的韧性单元实证研究

5.2.1 典型区域选择及其基本情况

1. 典型区域选取原则

（1）代表性

京津冀地区地域广阔，用地类型复合程度高，在进行典型区域选取时应综合考虑与暴雨内涝相关的城市建成环境韧性要素，使选取的研究样本尽可能覆盖所有地块类型。针对城市暴雨内涝灾害，从研究区域的代表性和价值性角度出发，首先对京津冀区域内易积水点和易积水地段进行分析与提取。

通过各地水务局等政府部门的官方网站获取北京市、天津市、石家庄市的中心城区积水点信息，以及其在空间上的分布状况，识别各地易受暴雨内涝灾害影响的代表性区域位置，将其作为典型研究对象选取的重要参照（图5-6、图5-7、图5-8）。

图 5-6 北京市五环内易积水点分布

图 5-7 天津市中心城区易积水点分布

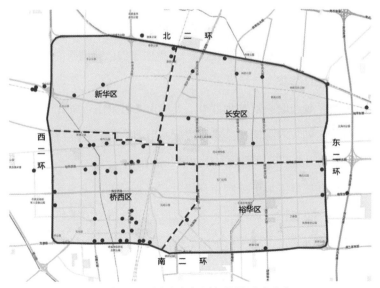

图 5-8 石家庄市中心城区易积水点分布

（2）多样性

暴雨内涝灾害的形成机制较为复杂，受到城市用地类型、开发强度、地形地势、排水系统等多种因素的影响，因此在典型区域选择时应充分考虑不同要素影响下的样本情况，选取的样本要尽可能覆盖不同类型的韧性单元。

针对用地类型要素，选取的样本应涵盖不同用地类型，如以高层、低层居住区为主的居住用地（R类用地），包含医疗设施、学校区域、文化场馆的公共管理与公共服务设施用地（A类用地），以大型商业建筑、商业街或高层写字楼为主的商业服务业设施用地（B类用地），工厂、车间等工业用地（M类用地），以及覆盖大型公园、广场的绿地与广场用地（G类用地）；针对开发强度要素，选取的各样本之间的建筑密度、容积率等指标应有明显差异性，形成一定的梯度分布特征；针对地形地势要素，典型区域样本应涵盖城市地势低洼处，如桥底、涵洞等区域，以及地势平坦和地势较高处，从而得到不同地形条件下的内涝分布特征及其作用机制。此外，在典型区域选取时还应兼顾开发时间、绿地率、下垫面不透水率、是否滨水等多种条件要素，保证所选样本具有足够的多样性。

（3）可行性

实证研究是应对暴雨内涝的城市韧性研究中的重要环节，但在实证研究过程中易受到自然、人为、技术条件等多种因素的限制，制约获取相关资料的完整性。为保证研究准确与有效，在典型区域选取时应同时兼顾可行性原则，选择地形地势、道路系统、雨水管网等资料相对完整的区域，避免由于仅依赖调研而出现数据误差。

2. 典型区域选取结果

结合上述典型区域选取原则对北京市、天津市、石家庄市研究区域进行选择，在选取时考虑行政区划、内涝情况、建设情况、用地性质、区位特征及下垫面特征等因素的作用与影响，典型区域选取方法如图5-9所示。

行政区划是根据典型区域所处的市县级行政区划分的，北京市包括五环内的7个行政区范围，天津市包括外环内的8个行政区范围，石家庄市包括二环内的4个行政区范围。内涝情况来自上述易积水点数据，典型区域选取过程中兼顾易涝地段与非易涝地段。建设情况以建设年代、开发强度为主要因素，其中建设年代能够间接反映区域排水设施老化情况；地块开发强度主要以容积率、建筑密度作为衡量指标。

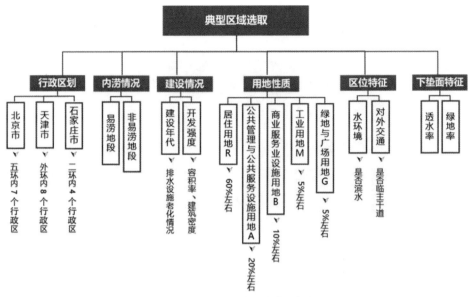

图 5-9 典型区域选取方法示意图

用地性质是典型区域重要的特征，居住用地品质对城市居民生活影响很大，是研究的主体，占研究单元的 60% 左右，其次为公共管理与公共服务设施用地，选取区域的比例占研究单元总量的 20% 左右，再次为商业服务业设施用地，占选取样本总量的 10% 左右，而工业用地、绿地与广场用地各占选取样本数量的 5% 左右。区位特征和下垫面特征同样是与城市暴雨内涝相关的重要因素，在典型区域选取时要考虑区域水环境、对外交通，以及下垫面透水率、绿地率等要素，保证所选区域覆盖各种样本类型。

（1）北京市典型区域

根据上述典型区域选取方法，选取北京市五环内 7 个行政区共 10 个典型区域，其中在西城区、东城区、大兴区、石景山区各选取 1 处典型区域，在朝阳、海淀区、丰台区各选取 2 处典型区域，北京市典型区域区位图如图 5-10 所示。

北京市典型区域以城市道路、主要河流为边界，最小区域面积为 2.09 km²，最大区域面积为 3.49 km²。综合考虑典型区域选取的相关因素，典型区域涵盖易涝与非易涝地段、新建与老旧片区，以及居住片区、学校用地、城市中心区、城市滨水区、大型文体类用地等不同功能、不同体量、不同开发强度的地块。北京市典型区域基本信息如表 5-4 所示。

图 5-10　北京市典型区域区位图

表 5-4　北京市典型区域基本信息

城市	行政区	数量	区位	面积/km²	特征
北京	西城区	1	阜成门内大街、阜成门南大街、复兴门内大街、西单北大街围合区域	2.73	以商业功能为主的城市中央商务区，高开发强度
	东城区	1	朝阳门内大街、东单北大街、建国门内大街、朝阳门南大街围合区域	2.60	以北京传统四合院为主，有少量大型文化建筑

城市	行政区	数量	区位	面积/km²	特征
北京	朝阳区	2	北四环东路、太阳宫中路、北三环东路、京密路围合区域	3.01	以居住用地为主，有水系与大体量开放空间，低开发强度
			姚家园路、东四环中路、朝阳北路、青年路围合区域	3.49	以新建居住片区为主，中等开发强度
	海淀区	2	知春路、中关村东路、学院南路、西土城路围合区域	3.28	易积水地段，以教育用地为主，开发强度较低
			北四环西路、西四环北路、远大南街、蓝靛厂北路围合区域	2.93	滨水区域，以居住用地为主，绿地率较高
	丰台区	2	京港澳高速、丰体南路、万丰路围合区域	2.80	易积水地段，有大型文体类用地，下垫面硬化率较高
			南三环中路、马家堡西路、临泓路、南苑路围合区域	3.19	水系较密集区域，以多层、高层居住建筑为主
	大兴区	1	旧宫东西大街、旧忠路、五环路、凉水河围合区域	2.09	有带状滨河绿地，下垫面硬化率较低
	石景山区	1	石景山路、五环路、莲石东路、鲁谷东街围合区域	2.52	以多层居住建筑为主，开发强度较高

（2）天津市典型区域

天津市整体研究范围为外环线以内的中心城区区域，共选取 8 个行政区内的 9 个典型区域样本。其中在南开区选取 2 个典型区域，在其他行政区各选取 1 个典型区域。天津市典型区域区位图如图 5-11 所示。

天津市典型区域最大区域面积 2.98 km²，最小区域面积 1.20 km²。根据区域内涝情况、建设年代、开发强度、用地性质、下垫面透水率等要素进行差异化选取，用地类型涉及城市滨水区、多层或高层居住用地、工业用地等，每个典型区域内都包含两种以上的用地性质类型，保证研究样本的典型性与类型全覆盖，天津市典型区域基本信息如表 5-5 所示。

图 5-11　天津市典型区域区位图

表 5-5　天津市典型区域基本信息

城市	行政区	数量	区位	面积 /km²	特征
天津	和平区	1	海河东路、张自忠路、和平路、保定道围合区域	1.40	城市滨水区，易积水地段，以商业功能为主，开发强度较高
	南开区	2	黄河道、广开四马路、长江道、南开三马路围合区域	1.34	以多层住宅与医院用地为主，绿地率较高
			北马路、城厢东路、福安大街、张自忠路围合区域	1.20	以高层居住与商业功能为主，城市滨水区

城市	行政区	数量	区位	面积/km²	特征
天津	河东区	1	津滨大道、红星路、津塘路、东兴路围合区域	2.05	易积水地段，下垫面硬化率高
	河西区	1	乐园道、友谊路、黑牛城道、尖山路围合区域	1.91	大型文体类建筑用地，包含较大面积的水域
	河北区	1	金钟河大街、王串场一号路、真理道、红星路围合区域	1.50	易积水地段，多层联排式居住建筑，建筑密度较高
	红桥区	1	咸阳路、芥园西道、红旗路围合区域	1.45	公共服务与居住片区，有河流穿过
	东丽区	1	津塘路、雪莲南路、海河东路、外环东路围合区域	2.81	以多层居住建筑为主，下垫面硬化率低，有大面积绿地
	北辰区	1	北辰道、辰昌路、佳宁道、辰永路围合区域	2.98	易积水地段，以居住用地为主，有部分工业园区

（3）石家庄市典型区域

石家庄市总体研究范围为二环路以内的区域，包括桥西区、长安区、裕华区与新华区，共选取4个行政区内的9个典型区域。其中桥西区、长安区二环内区域面积较大且易积水点较密集，在这两个区域内各选取3个典型研究区域；在裕华区、新华区内各选取1个和2个典型研究区域。石家庄市典型区域区位图如图5-12所示。

石家庄市典型区域最小区域面积1.31 km²，最大区域面积2.42 km²。典型区域选取遵循差异性原则，分别选取石家庄市中心商业区、城市居住区、滨水开放空间、高等学校区等不同功能用地，保证所选区域涵盖不同建设情况、用地性质、区位特征及下垫面特征。石家庄市典型区域基本信息如表5-6所示。

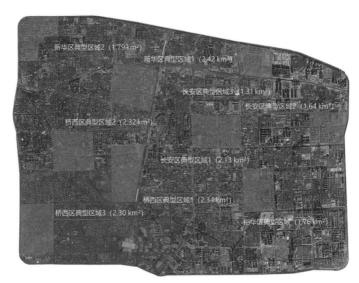

图 5-12　石家庄市典型区域区位图

表 5-6　石家庄市典型区域基本信息

城市	行政区	数量	区位	面积/km²	特征
石家庄	桥西区	3	中山西路、中华南大街、槐安西路、新胜利大街围合区域	2.34	易积水地段，以商业居住功能为主，下垫面硬化率高
			新华路、友谊北大街、裕华西路、维明北大街围合区域	2.32	包含大型公共开放空间，区域内有河流穿过
			槐安西路、西二环南路、新石南路、友谊南大街围合区域	2.30	以高层居住建筑为主，绿地率较高
	长安区	3	和平东路、建设北大街、中山东路、体育北大街围合区域	2.13	以多层居住建筑为主，有大型绿地
			和平东路、谈固北大街、中山东路、东二环北路围合区域	1.64	以高层居住建筑为主，开发强度高
			北二环东路、体育北大街、建华北大街围合区域	1.31	易积水地段，有部分工业用地
	裕华区	1	裕华东路、体育南大街、槐安东路、建华南大街围合区域	1.76	以高层商业用地为主，开发强度较高
	新华区	2	石德线、中华北大街、和平西路围合区域	2.42	以多层居住、教育用地为主
			北二环西路、西二环北路、翔翼路、西三庄街、友谊北大街围合区域	1.79	有水系穿过，开发强度较低

在代表性、多样性、可行性原则的指导下，综合考虑各城市区域的行政区划、内涝情况、建设情况、用地性质、区位特征及下垫面特征要素，我们完成了京津冀应对暴雨内涝研究的典型区域样本选取。本研究共选取 28 个典型区域，典型区域要素性质涵盖所有类型情况，满足样本差异化与多样性的要求。为方便统计与作进一步的单元划分研究，我们按照城市 - 行政区 - 序号对各典型区域进行编号，各典型区域样本要素特征总结如表 5-7 所示。

表 5-7　典型区域样本要素特征总结

典型城市	行政区划	编号	内涝情况	新旧程度	开发强度	用地类型	是否滨水	是否临主干道	下垫面透水率	绿地率
北京（B）	西城区（X）	B-X	非易涝地段	新建	高	B、A、R	否	是	低	低
	东城区（D）	B-D	非易涝地段	老旧	高	R、B	否	是	低	低
	朝阳区（C）	B-C1	非易涝地段	新建	低	R、G、A	是	是	高	高
		B-C2	非易涝地段	新建	低	R、G	是	是	高	高
	海淀区（H）	B-H1	易涝地段	老旧	高	A、R	否	否	低	低
		B-H2	非易涝地段	新建	高	R、A	是	是	高	高
	丰台区（F）	B-F1	易涝地段	老旧	高	R、A、B	否	是	低	低
		B-F2	非易涝地段	新建	低	R、B	是	是	高	高
	大兴区（DX）	B-DX	非易涝地段	新建	低	R	是	是	高	低
	石景山区（S）	B-S	非易涝地段	老旧	高	R、A、G	否	是	低	低
天津（T）	和平区（P）	T-P	易涝地段	老旧	高	B、A	否	否	低	低
	南开区（N）	T-N1	非易涝地段	老旧	高	A、R	否	是	高	高
		T-N2	非易涝地段	新建	高	R、B	是	是	低	低
	河东区（D）	T-D	易涝地段	老旧	高	R、A	否	是	低	低
	河西区（X）	T-X	非易涝地段	老旧	低	A、B、R	是	是	高	高
	河北区（B）	T-B	易涝地段	老旧	高	R、A	否	是	低	低
	红桥区（Q）	T-Q	非易涝地段	老旧	低	R、A	是	是	高	高
	东丽区（DL）	T-DL	非易涝地段	新建	低	R、G	是	是	高	高
	北辰区（BC）	T-BC	易涝地段	新建	低	R、M	否	是	低	低

典型城市	行政区划	编号	内涝情况	新旧程度	开发强度	用地类型	是否滨水	是否临主干道	下垫面透水率	绿地率
石家庄（S）	桥西区（Q）	S-Q1	易涝地段	新建	高	R、A、B	否	是	低	低
		S-Q2	非易涝地段	新建	低	R、G	是	是	高	高
		S-Q3	非易涝地段	新建	高	B、A、R	否	是	低	低
	长安区（C）	S-C1	非易涝地段	新建	高	R、A、G	否	是	高	高
		S-C2	非易涝地段	老旧	高	R、B	否	是	低	低
		S-C3	易涝地段	新建	低	R、M、G	否	否	高	高
	裕华区（Y）	S-Y	非易涝地段	老旧	高	R、B	是	是	高	高
	新华区（X）	S-X1	非易涝地段	老旧	低	A、R	否	是	低	高
		S-X2	非易涝地段	新建	高	R	否	是	低	低

5.2.2 典型区域的韧性单元划分

1. SWMM 模型尺度敏感性

《室外排水设计规范》规定，当建筑外部排水区域面积大于 2 km² 时，宜采用数学建模的方法进行雨水管网径流量的相关计算。SWMM 模型作为动态的"降水-径流"暴雨洪水管理模型，能够模拟暴雨过程中的降雨径流、雨水下渗、积水形成等多种情形，被广泛应用于国内外暴雨情景模拟、水量及水质监测、排水系统的规划与设计等多个方面。

由于雨水的产生与汇流过程作用机理复杂，受到多种因素的影响，人们对SWMM 模型中有关汇流的各参数取值范围与方法尚未达成共识。大量研究通过模拟实验证明，子汇水区域面积、特征宽度、地块不透水面比例等参数是影响径流量、径流系数的主要敏感参数，其中子汇水区划分的数量和面积直接影响模拟结果中的径流总量及模拟的精度。本研究采用 SWMM 模拟的方法对典型区域样本进行排水管网、雨水口等要素的模型概化，以理论研究所得到的单元划定方法为基础划分模型子汇水区，验证模拟结果是否满足模型精度与灵敏度要求，从而验证所提出韧性单元划定方法的科学性。

2. 模拟区域单元划定

通过实地踏勘与文献资料整理，在前文选定的典型区域基础上，进一步选取具有典型性且相关资料较为完整的区域进行模拟验证。选取北京市西城区典型区域为SWMM 模拟验证样本，首先对其进行基本单元的划分。以由前文分析得到的行政区划、流域 / 排水分区（汇流区域）、道路界线与河流水系作为研究基本单元划定要素。其中，行政区划来自自然资源部官方网站的国家标准地图；道路界线、河流水系来自 OSM 数据；流域 / 排水分区以 DEM 数据、倾泻点数据为基础进行二次划定。

利用地理空间数据云平台获取 DEM 数据，选择 ASTER GDEM 分辨率为 30 m的数据，在 ArcGIS 平台中对数据进行加载，并运用水文分析工具模块生成北京市五环内汇流分区。为避免特殊地形或数据缺陷的影响，首先应对原始 DEM 数据进行洼地填充处理。在此基础上，依次进行流向、流量计算，得到蓄积栅格数据，即初步河流网络；以像元值大于 1000 为条件进行栅格河网操作，并进行河网连接、河网分级，最终得到矢量化的河网图层。最后根据倾泻点矢量数据设置出水口，提取分水岭，即某一地区内的汇流区域，作为汇流区边界要素 [图 5-13（a）]，与行政区边界、道路界线、河流水系边界进行叠加 [图 5-13（b）（c）（d）]。

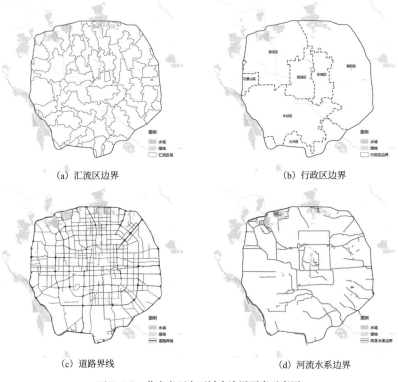

(a) 汇流区边界　　　　　　　　　　　　　　　(b) 行政区边界

(c) 道路界线　　　　　　　　　　　　　　　(d) 河流水系边界

图 5-13　北京市研究区域内边界要素示意图

道路界线以城市支路以上级别的道路作为单元边界条件，对道路 Shapefile 要素类数据按属性进行筛选，限定条件为"'fclass'='motorway'或'trunk'或'primary'或'secondary'或'tertiary'"。将汇流区边界、行政区边界、道路界线及河流水系边界进行叠合，并根据建筑排布进行局部调整，最终得到北京市西城区典型区域基本单元划分结果（图 5-14），我们将其作为进一步的 SWMM 模型构建的基础。

图 5-14　北京市西城区典型区域基本单元划分结果

5.2.3　典型区域韧性单元的模拟验证

1. 模型概化与参数设置

SWMM 模型的构建需要获取研究地块内的地物基本信息，以及雨水管网、雨水排放口等要素信息。通过对北京市西城区典型区域的实地调研，我们获取了地块内建筑布局、绿地率、开发强度、下垫面材质等信息；观察并记录了研究区域内主要道路雨水检查井、雨水排放口点位位置、雨水管网走势、积水路面等信息（图 5-15）。在实地调研的基础上进行水文模型构建，确定区域内子汇水区划分，并确定模型中汇接点位置及雨水管渠的连接方式与走向。

主要道路   雨水检查井、雨水排放口   积水路面

图5-15 北京市西城区典型区域调研信息

在模型构建过程中须对相关参数进行设置,从而最大限度地反映地块的真实径流情况,同时应保证参数取值在科学有效的范围之内。中国水利水电科学研究院编著的《暴雨洪水管理模型——EPA SWMM用户教程》针对各类别的参数给定了建议取值范围,主要为与子汇水区、地表透水性、雨水下渗、传输模块、汇接点等相关的参数。SWMM模型参数取值方法如表5-8所示。

其中,子汇水区是SWMM模型中的最小汇水单元,将区域范围内的地表径流概念化为单一排水点的区域。子汇水区的面积大小直接影响模型精度,本研究以前文所划定的基本单元为子汇水区边界,进行单元划定方法的精度验证。特征宽度是子汇水区的重要参数之一,其计算方法主要有四种,考虑到研究区域的尺度及研究需要,本研究所采用的计算公式如下:

$$W = A / FL \qquad\qquad (5\text{-}1)$$

式中:W——子汇水区特征宽度,m;

A——子汇水区面积,hm²;

FL——地表漫流路径长度,m,以出水口与地块最远点之间的距离表示。

表5-8 SWMM模型参数取值方法

类型	名称	度量单位	获取方式	理论范围
子汇水区参数	子汇水面积	公顷(hm²)	调研获取	—
	地表漫流路径长度	米(m)	计算获得	—
	地表平均坡度	百分比(%)	1.5	0.3~3
地表透水性参数	不渗透面积百分比	百分比(%)	调研获取	—
	不渗透面积的曼宁系数 N 值 [1]	—	0.012	0.010~0.015
	渗透面积的曼宁系数 N 值	—	0.15	0.1~0.3

---

[1]曼宁系数 N 值(Manning's N)是反映表面粗糙程度对水流速率影响的系数,其值一般由物理实验测得。

（续表）

类型	名称	度量单位	获取方式	理论范围
地表透水性参数	不渗透面积中洼地蓄水深度	毫米（mm）	2	1～3
	渗透面积中洼地蓄水深度	毫米（mm）	10	3～12
	无洼地的不渗透表面占比	百分比（%）	调研获取	—
雨水下渗相关参数	最大下渗率	毫米/小时（mm/h）	76.2	—
	最小下渗率	毫米/小时（mm/h）	3.81	—
	衰减系数	1/小时（1/h）	2	—
传输模块参数	管渠断面最大深度	米（m）	0.6	0.5～1.2
	管渠长度	米（m）	调研获取	—
	曼宁粗糙系数	—	0.013	0.011～0.015
汇接点参数	汇接点内底标高	米（m）	计算获得	—
	汇接点最大水深	米（m）	计算获得	—

资料来源：中国水利水电科学研究院，《暴雨洪水管理模型——EPA SWMM 用户教程》。

地表透水性参数与城市下垫面类型有关，下垫面透水性直接影响降水在地表的蓄积和下渗速率。城市下垫面主要包括沥青、混凝土、土壤、砖石、木材、水体等不同类型，通过实地调研、遥感影像分析，可以得到各子汇水区域的下垫面类型及其对应的不渗透性下垫面所占比例。不渗透面积与渗透面积的曼宁系数 N 值，以及对应蓄水深度可根据不同下垫面类型查表（表 5-9）获取。

表 5-9　不同下垫面类型曼宁系数 N 值表

下垫面类型	曼宁系数 N 值	下垫面类型	曼宁系数 N 值
平滑沥青面	0.011	一般水泥面	0.013
平滑水泥面	0.012	砖石	0.014
木材	0.014	草地	0.15～0.41
灌木	0.4～0.8	荒地	0.05

资料来源：中国水利水电科学研究院，《暴雨洪水管理模型——EPA SWMM 用户教程》。

传输模块参数与汇接点参数分别为模型中的管渠与雨水口图元，管渠断面最大深度与管道蓄积能力相关，综合考虑地块实际情况将其值定为 0.6 m，曼宁粗糙系数取铸铁管数值 0.013。汇接点内底标高及汇接点的最大水深需要逐个计算，即利用前端汇接点标高、管渠坡度、管渠长度等数据计算获得，最终得到北京市西城区典型区域 SWMM 概化模型及基本信息（图 5-16、表 5-10）。

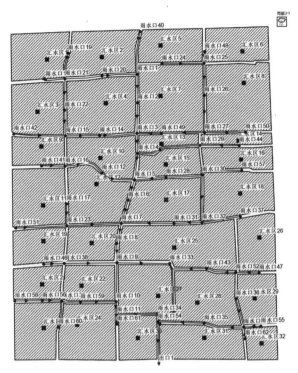

图 5-16 北京市西城区典型区域 SWMM 概化模型

表 5-10 北京市西城区典型区域 SWMM 模型基本信息

单元编号	面积 /hm²	宽度 / m	不渗透百分比 /（%）	不渗透性 N 值	渗透性 N 值	不渗透性注地蓄水 / mm	渗透性注地蓄水 / mm
汇水区 01	8.36	300	40	0.012	0.15	2	10
汇水区 02	10.00	385	45	0.012	0.15	2	10
汇水区 03	8.30	305	35	0.012	0.15	2	10
汇水区 04	13.00	320	35	0.012	0.15	2	10
汇水区 05	7.85	368	35	0.012	0.15	2	10
汇水区 06	7.31	195	55	0.012	0.15	2	10
汇水区 07	16.00	390	35	0.012	0.15	2	10
汇水区 08	15.00	412	35	0.012	0.15	2	10
汇水区 09	4.54	282	45	0.012	0.15	2	10
汇水区 10	7.73	394	60	0.012	0.15	2	10
汇水区 11	9.12	332	35	0.012	0.15	2	10
汇水区 12	10.00	376	40	0.012	0.15	2	10
汇水区 13	4.08	346	45	0.012	0.15	2	10

单元编号	面积 /hm²	宽度 / m	不渗透百分比 /（%）	不渗透性 N 值	渗透性 N 值	不渗透性洼地蓄水 / mm	渗透性洼地蓄水 / mm
汇水区 14	3.96	389	45	0.012	0.15	2	10
汇水区 15	5.00	500	55	0.012	0.15	2	10
汇水区 16	5.41	409	45	0.012	0.15	2	10
汇水区 17	9.84	252	35	0.012	0.15	2	10
汇水区 18	9.89	392	45	0.012	0.15	2	10
汇水区 19	5.08	253	30	0.012	0.15	2	10
汇水区 20	5.92	204	35	0.012	0.15	2	10
汇水区 21	5.53	240	25	0.012	0.15	2	10
汇水区 22	6.63	288	25	0.012	0.15	2	10
汇水区 23	7.67	321	35	0.012	0.15	2	10
汇水区 24	9.92	292	45	0.012	0.15	2	10
汇水区 25	15.00	643	50	0.012	0.15	2	10
汇水区 26	7.40	229	55	0.012	0.15	2	10
汇水区 27	8.75	324	45	0.012	0.15	2	10
汇水区 28	11.00	337	45	0.012	0.15	2	10
汇水区 29	6.59	300	65	0.012	0.15	2	10
汇水区 30	5.90	300	40	0.012	0.15	2	10
汇水区 31	8.70	180	55	0.012	0.15	2	10
汇水区 32	3.41	185	70	0.012	0.15	2	10

以相同方法对北京市、天津市、石家庄市其余典型区域进行实地调研，获取了其汇水区、雨水口、管渠、下垫面透水率等数据信息，从而完成了 SWMM 概化模型的构建，分别得到了各典型地块的水文模型图。京津冀典型区域 SWMM 模型如图 5-17 所示。

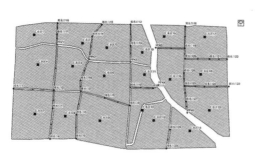
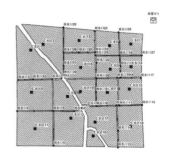

（a）北京市丰台区典型区域 B-F2 　　　　　（b）石家庄市桥西区典型区域 S-Q2

图 5-17　京津冀典型区域 SWMM 模型

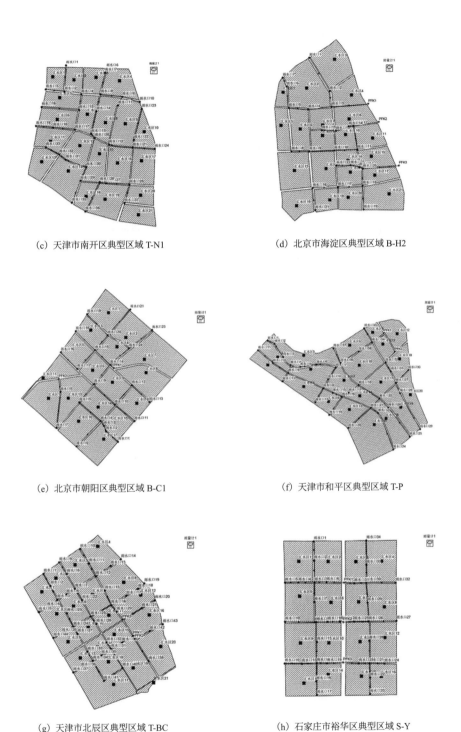

(c) 天津市南开区典型区域 T-N1

(d) 北京市海淀区典型区域 B-H2

(e) 北京市朝阳区典型区域 B-C1

(f) 天津市和平区典型区域 T-P

(g) 天津市北辰区典型区域 T-BC

(h) 石家庄市裕华区典型区域 S-Y

续图 5-17

2. 设计暴雨与径流

SWMM 模型的降水情况以雨量计形式加载，雨量计的功能是为研究区域内的子汇水区提供 SWMM 模型中重要的模块降雨量情况，以雨量计的形式在模型中进行加载，其功能是模拟实际降水情况，属性参数主要包括降雨历时、降雨量、时间步长等。模型中的降水数据可以在 SWMM 中自行设定或者以上传文件的形式进行设置，一般为数年历史降水数据的总结，通过计算得出适用于当地的暴雨强度公式。本节研究对象为北京市西城区典型区域，因此采用北京市暴雨强度公式，分别生成重现期为一年、两年、五年、十年的雨型作为降水模型，其暴雨强度公式为：

$$q = \frac{2001\left(1+0.811\lg P\right)}{\left(t+8\right)^{0.711}} \tag{5-2}$$

式中：q——暴雨强度，L/$\left(\text{s}\cdot\text{hm}^2\right)$；

$\quad\quad P$——暴雨重现期，年；

$\quad\quad t$——降雨历时[1]，min。

通过暴雨强度公式计算得到各时刻降水数据，分别得到重现期为一年、两年、五年、十年暴雨的设计降雨量及降雨强度，以此作为雨量计中的降雨时间序列。由北京市 180 min 历时暴雨雨型（图 5-18）可见，降雨强度最大的时段为降雨过程的中前段，降雨总量随时间推移呈现从加速增长到缓慢增长的过程。已有研究多以 1 h 作为模拟时间步长，而研究区域内暴雨具有时间短、强度大的特点，降雨雨峰时间较为集中，为提高模拟的精度，本研究将降雨历时设置为 180 min，时间步长[2]设置为 1 min。

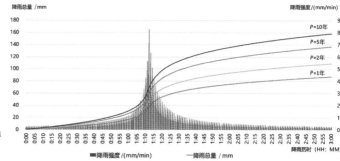

图 5-18　北京市 180 min 历时暴雨雨型

---

[1] 降雨历时指一次降水过程中从某一时刻到另一时刻的降雨时间。

[2] 时间步长指两个时间点的差值，即模拟中的最小时间间隔。

3. 模拟结果分析

完成基本图元绘制及暴雨模型构建后，设置模型一般项中下渗模型为 Horton 模型[1]，演算模型为运动波法[2]；将分析的开始日期设置为 2021 年 7 月 24 日 00:00，分析结束时间设置为 2021 年 7 月 25 日 00:00，完成设置后开始模拟。模拟完成后获得 SWMM 模拟结果报告，主要包括径流量演算与流量演算两类结果，主要包括总降雨量、下渗损失量、地表径流量及最终地表蓄水量等信息（表 5-11）。

在 SWMM 模拟中，一般认为连续性误差不超过 ±2% 即认为结果有效，由表可见四类不同重现期模拟结果的连续性误差均在模型精度允许范围内。其中地表径流量连续性误差均为 - 0.005%，远高于系统精度要求；流量演算连续性误差最大为 - 0.120%，满足系统的精度要求。以一年一遇的暴雨情景为例，对雨水口进流量、系统径流量数据进行统计分析，得到的模型运算结果具有收敛性，表明运算结果有效。一年一遇的暴雨情景下径流量模拟结果如图 5-19 所示。由此可见，该模型子汇水区面积、特征宽度、汇接点及管渠设置较为合理有效，模型能够精确反映该区域暴雨管理过程。

表 5-11　北京市西城区 SWMM 模拟结果报告

重现期	连续性误差		总降雨量 / mm	下渗损失量 / mm	地表径流量 / mm	最终地表蓄水量 / mm
	地表径流量演算	流量演算				
一年一遇	- 0.005%	- 0.120%	145.018	7.233	134.774	3.018
两年一遇	- 0.005%	- 0.078%	180.422	7.239	170.146	3.045
五年一遇	- 0.005%	- 0.052%	227.224	7.245	216.920	3.070
十年一遇	- 0.005%	- 0.042%	262.627	7.248	252.308	3.085

---

[1] Horton 模型由观察总结经验得出，模拟在一次降水过程中下渗速率由初期最大值减小到某一最小值。
[2] 运动波法能够模拟水流随时间和空间的变化而发生的变化，适用于长历时降水模拟。

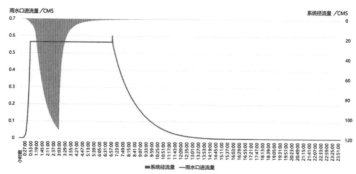

图 5-19　一年一遇的暴雨情景下径流量模拟结果

以相同方法完成其余典型单元模型运行，得到各单元的运行结果。运行结果显示，各典型区域 SWMM 模拟所产生的地表径流量与流量演算连续性误差均在 ±2% 范围内，能够较好地满足暴雨内涝研究精度要求（表 5-12）。

本节遵循代表性、多样性、可行性的原则，选取京津冀区域范围内共 28 个典型区域，作为后续研究的主要街区及研究对象。以多学科理论研究所获得的边界条件作为韧性基本单元划定依据，基于 ArcGIS 平台完成对北京市西城区典型区域单元划定，并以此为基础完成 SWMM 模型构建。模拟结果显示，以不同重现期情景进行模拟的结果连续性误差均在系统要求区间内，表明模型单元划分的面积、尺度标准满足暴雨内涝研究精度要求，因此可以以此作为韧性单元划定条件开展进一步研究。

表 5-12　典型区域韧性单元 SWMM 模拟结果报告

典型区域韧性单元	误差	重现期			
		一年一遇	两年一遇	五年一遇	十年一遇
北京市西城区	误差 1	− 0.005%	− 0.005%	− 0.005%	− 0.005%
	误差 2	− 0.120%	− 0.078%	− 0.052%	− 0.042%
北京市丰台区	误差 1	− 0.004%	− 0.004%	− 0.004%	− 0.004%
	误差 2	− 0.278%	− 0.226%	− 0.186%	− 0.468%
北京市海淀区	误差 1	− 0.004%	− 0.004%	− 0.004%	− 0.004%
	误差 2	− 1.025%	− 0.745%	− 0.577%	− 0.468%
北京市朝阳区	误差 1	− 0.002%	− 0.002%	− 0.002%	− 0.003%
	误差 2	− 2.042%	− 1.606%	− 1.255%	− 1.079%
天津市南开区	误差 1	− 0.004%	− 0.004%	− 0.004%	− 0.004%
	误差 2	− 0.212%	− 0.291%	− 0.155%	− 0.192%

典型区域韧性单元	误差	重现期			
		一年一遇	两年一遇	五年一遇	十年一遇
天津市和平区	误差1	− 0.003%	− 0.004%	− 0.004%	− 0.004%
	误差2	− 0.300%	− 0.300%	− 0.196%	− 0.195%
天津市北辰区	误差1	− 0.006%	− 0.006%	− 0.007%	− 0.007%
	误差2	− 0.054%	− 0.030%	− 0.125%	− 0.064%
石家庄市裕华区	误差1	− 0.006%	− 0.007%	− 0.007%	− 0.007%
	误差2	0.001%	0.000%	0.001%	0.005%
石家庄市桥西区	误差1	− 0.003%	− 0.004%	− 0.004%	− 0.004%
	误差2	− 0.261%	− 0.142%	− 0.137%	− 0.097%

注：误差1为地表径流量演算误差；误差2为流量演算误差。

5.3 应对暴雨内涝的韧性单元划定方法

5.3.1 应对暴雨内涝的韧性单元划定原则

1. 多层级韧性单元体系构建原则

构建多层级、可操作的韧性单元体系是开展进一步韧性类型研究的基础，根据规模大小将建成环境韧性体系划分为四个层级，形成体系化、可传导的多层级韧性单元体系（图5-20）。体系化指从单元划定理论原则到实际划定结果的系统性过程，可传导指上级单元与下级细分单元之间具有对应关系，作为建成环境空间、基础设施等方面层级传导的基础。

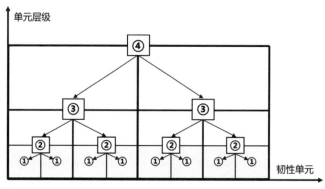

图 5-20 多层级韧性单元体系

本研究从宏观、中观、微观三个层面提出京津冀韧性研究多层级体系，将京津冀典型区域划分为区域、城区、片区、街区四个级别。其中最宏观层级为京津冀城市群范围，其次为各典型城市中心城区范围，再进一步将其划分为片区级韧性单元，韧性单元的规模一般控制在1～3 km²范围内，街区级韧性单元为韧性研究的基本单元，规模一般控制在10～15 hm²范围内。各层级韧性单元规模及相关关系如图5-21所示。多级韧性单元体系的构建主要遵循以下三项原则。

① 韧性单元划定应首先制定统一的划分标准，分层级提出明确的尺度规模、边界级别等各项要素选取原则，保证每一级单元都能够各自形成完整的、覆盖全部研究范围的闭合区域。

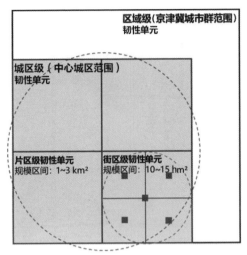

图 5-21　各层级韧性单元规模及相互关系

② 各级韧性单元应具有传递性，下级单元应为上级单元的嵌套部分，不同层级韧性单元之间具有明确的区域范围从属关系。

③ 不同层级韧性单元应具有不同侧重点，区域级、城区级韧性单元主要关注地理环境、生态基底等宏观要素条件；片区级韧性单元主要关注水系结构、绿化体系等要素；街区级韧性单元侧重建筑排布、下垫面类型等具体情况。

2. 片区级韧性单元划定原则

在多层级韧性单元体系的框架下，按照规模将典型城市中心城区范围划分为若干个片区级韧性单元，其划定模式如图 5-22 所示。片区级韧性单元对应前文选取的典型区域，是连接城区级韧性单元和街区级韧性单元的过渡性层级，主要在中观尺度下进行韧性的等级评价与类型划定。片区级韧性单元的划定原则主要包括以下五项。

① 片区级韧性单元尺度规模控制在 1 ～ 3 km² 范围内。

② 单元边界条件为区县级行政区划、主干道及水系干流，若形成的围合区域尺度不符合原则①的要求，则局部调整道路或河道等级。

③ 将相同用地性质，相近建筑尺度、形态的地块划分为同一单元。

④ 划定过程中参照各城市中心城区现有雨水规划，尽量避免打破城市雨水规划系统分区。

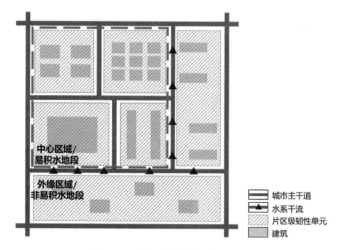

图 5-22　片区级韧性单元划定模式

⑤ 将城市中心区域、城市易积水地段划分为密度更高、尺度更小的韧性单元，将城市外缘区域或非易积水地段划分为密度更小、尺度更大的韧性单元。

3. 街区级韧性单元划定原则

在片区级韧性单元尺度下继续划分街区级韧性单元，将每个片区级韧性单元划分为若干个街区级单元，即韧性研究的最基本单位，其划定模式如图 5-23 所示。街区级韧性单元是特别具有可操作性的单元层级，在基本单元尺度下可进行实际的韧性提升实践。街区级韧性单元的划定原则主要包括以下五项。

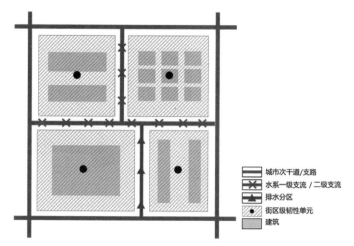

图 5-23　街区级韧性单元划定模式

① 街区级韧性单元尺度规模控制在 10 ~ 15 hm² 范围内。

② 单元边界条件为区县级行政区划、排水分区、城市次干道及支路、水系一级支流及二级支流，若形成的围合区域尺度不符合原则①的要求，则局部调整道路或河道等级。

③ 保证同一单元内开发强度、建筑布局、下垫面类型等要素具有一致性。

④ 如排水分区界线过于曲折，则将其拟合与直线化，尽量避免单元边界打破原有建筑组团。

5.3.2 京津冀典型区域韧性单元划定

1. 片区级韧性单元划定

在韧性区域划定原则的指导下进行典型城市片区级韧性单元划定，得到各城市中心城区片区级韧性区域划定结果。将北京市划分为 252 个片区级韧性单元（图5-24），将天津市划分为 164 个片区级韧性单元（图5-25），将石家庄市划分为 71个片区级韧性单元（图5-26）。每一个编号对应一个片区级韧性单元样本，如北京市朝阳区第一个单元的样本编号为"B-C-01"，部分片区级韧性单元信息如表5-13、表5-14、表5-15所示，完整单元划定结果见附录表A-1、表A-2、表A-3。

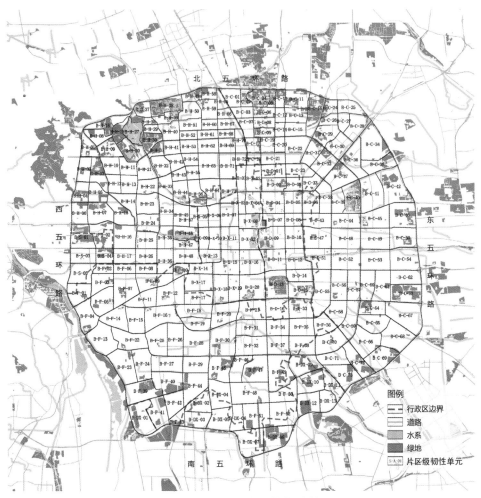

图 5-24　北京市片区级韧性单元划定图

图 5-25　天津市片区级韧性单元划定图

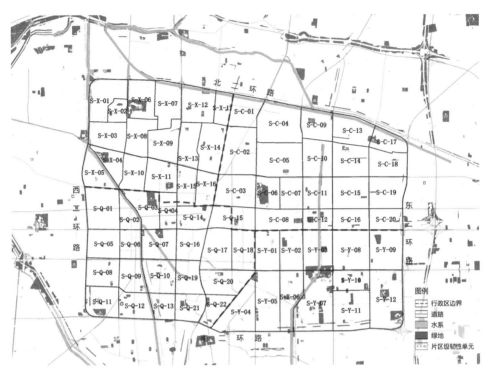

图 5-26　石家庄市片区级韧性单元划定图

表 5-13　北京市部分片区级韧性单元信息

序号	1	2	3	4	5	6	7	8	9	10
单元编号	B-C-01	B-C-02	B-C-03	B-C-04	B-C-05	B-C-06	B-C-07	B-C-08	B-C-09	B-C-10
面积 / km²	2.00	1.07	1.48	2.25	0.77	1.46	1.68	1.49	1.27	1.12
序号	11	12	13	14	15	16	17	18	19	20
单元编号	B-C-11	B-C-12	B-C-13	B-C-14	B-C-15	B-C-16	B-C-17	B-C-18	B-C-19	B-C-20
面积 / km²	2.81	0.95	2.08	0.92	1.84	3.64	1.47	1.09	1.44	1.07
序号	21	22	23	24	25	26	27	28	29	30
单元编号	B-C-21	B-C-22	B-C-23	B-C-24	B-C-25	B-C-26	B-C-27	B-C-28	B-C-29	B-C-30
面积 / km²	1.80	3.70	2.33	1.43	2.04	1.21	1.26	2.91	2.55	2.76
序号	31	32	33	34	35	36	37	38	39	40
单元编号	B-C-31	B-C-32	B-C-33	B-C-34	B-C-35	B-C-36	B-C-37	B-C-38	B-C-39	B-C-40
面积 / km²	2.25	2.99	1.65	5.06	2.79	3.55	3.54	2.55	1.94	3.42

表 5-14　天津市部分片区级韧性单元信息

序号	1	2	3	4	5	6	7	8	9	10
单元编号	T-B-01	T-B-02	T-B-03	T-B-04	T-B-05	T-B-06	T-B-07	T-B-08	T-B-09	T-B-10
面积 / km²	1.04	1.22	2.44	1.62	1.83	1.04	2.10	0.86	2.29	3.46
序号	11	12	13	14	15	16	17	18	19	20
单元编号	T-B-09	T-B-10	T-B-11	T-B-12	T-B-13	T-B-14	T-B-15	T-BC-01	T-BC-02	T-BC-03
面积 / km²	1.93	1.87	1.17	1.53	1.65	1.96	1.87	1.08	2.45	1.85

序号	21	22	23	24	25	26	27	28	29	30
单元编号	T-BC-04	T-BC-05	T-BC-06	T-BC-07	T-BC-08	T-BC-09	T-BC-10	T-BC-11	T-BC-12	T-BC-13
面积/km²	3.08	3.01	1.45	3.77	1.62	2.00	4.12	2.26	3.98	3.39
序号	31	32	33	34	35	36	37	38	39	40
单元编号	T-BC-14	T-BC-15	T-BC-16	T-BC-17	T-BC-18	T-BC-19	T-BC-20	T-BC-21	T-BC-22	T-D-01
面积/km²	2.25	2.99	1.65	5.06	2.79	3.55	3.54	2.55	1.94	3.42

表5-15　石家庄市部分片区级韧性单元信息

序号	1	2	3	4	5	6	7	8	9	10
单元编号	S-C-01	S-C-02	S-C-03	S-C-04	S-C-05	S-C-06	S-C-07	S-C-08	S-C-09	S-C-10
面积/km²	1.31	2.35	1.87	2.53	2.33	1.14	1.09	1.50	1.38	1.64
序号	11	12	13	14	15	16	17	18	19	20
单元编号	S-C-11	S-C-12	S-C-13	S-C-14	S-C-15	S-C-16	S-C-17	S-C-18	S-C-19	S-C-20
面积/km²	1.40	0.92	1.59	1.74	1.72	1.14	0.99	1.44	1.67	1.05
序号	21	22	23	24	25	26	27	28	29	30
单元编号	S-Q-01	S-Q-02	S-Q-03	S-Q-04	S-Q-05	S-Q-06	S-Q-07	S-Q-08	S-Q-09	S-Q-10
面积/km²	2.05	0.87	1.44	0.93	1.41	0.94	1.55	1.41	1.24	1.56

2. 街区级韧性单元划定

在基本单元划定原则的指导下进行典型区域的进一步细分，形成街区级韧性基本单元划定结果。以北京市、天津市、石家庄市的9个典型区域为例进行韧性基本单元划定，将每个片区级区域进一步分为20～30个典型城市街区级韧性基本单元(图5-27)。

（a）北京市西城区（B-X-11）

（b）北京市海淀区（B-H-21）

图5-27　典型城市街区级韧性基本单元

（c）北京市朝阳区（B-C-32）

（d）北京市丰台区（B-F-31）

（e）天津市和平区（T-P-04）

（f）天津市北辰区（T-BC-05）

续图 5-27

（g）天津市南开区（T-N-11）

（h）石家庄市桥西区（S-Q-03）

（i）石家庄市裕华区（S-Y-03）

续图 5-27

本章内容为应对暴雨内涝的城市建成环境韧性单元划定研究，主要包括基于多学科文献的理论研究和基于典型区域的实证研究两个部分，最终得到京津冀典型区域多层级韧性单元划定结果概况（表 5-16）。

表 5-16　京津冀典型区域多层级韧性单元划定结果概况

层级	范围 / 规模	划定结果		
区域级	京津冀城市群	若干典型城市		
城区级	典型区域中心城区	北京市五环内区域	天津市外环内区域	石家庄市二环内区域
片区级	1 ～ 3 km²	252 个片区级单元	164 个片区级单元	71 个片区级单元
街区级	10 ～ 15 hm²	每个片区级单元划分 20 ～ 30 个街区级单元		

6

应对暴雨内涝的建成
单元韧性类型谱系

本章为对应对暴雨内涝的建成环境韧性类型的谱系研究，包括建成环境韧性类型研究与建成环境韧性等级区划研究两个部分。其中，韧性类型研究是对韧性单元进行"分类"的过程，反映韧性单元在应对暴雨内涝方面的应对方式，以及其分别在哪些方面发挥优势作用，在哪些方面相对处于劣势，即韧性单元"哪项高，哪项低"。分类研究采用的方法为基于机器学习的聚类分析法，运用 Python 语言实现对典型区域全部韧性单元的类型生成。韧性等级区划研究是对韧性单元进行"定级"的过程，反映韧性单元在应对暴雨内涝方面的应对程度，即韧性水平"多高多低"，分辨整体韧性水平与风险程度。分级研究采用的方法为指标评估法，在评价指标体系构建的基础上，运用 ArcGIS 工具完成对片区级韧性单元的赋值与打分，获得韧性单元等级划分结果。进而形成基于 9 级 16 类的韧性空间格局，完成对应对暴雨内涝的建成环境类型与级别的双重限定，为后续研究与优化实践的工作时序和工作重点提供参考。

6.1 应对暴雨内涝的建成环境韧性类型研究

6.1.1 应对暴雨内涝的韧性评价因子选取

1. 韧性评价因子选取原则

（1）系统性

应对暴雨内涝的指标体系构建大多遵循一定的框架体系与原则，例如从城市与水环境关系出发将目标层确定为城市化、水环境，或从灾害的构成要素出发，将致灾要素、孕灾环境及承载体作为指标体系的目标层，分别提出框架之下的相关因子。此外，城市韧性视角下的暴雨内涝评价体系以韧性属性为基础，提出坚固性、冗余性、创新性、连通性、学习创新能力等目标层，或坚固性、冗余性、高效流动性、系统动态平衡几类因子的准则框架。在评价因子原则时应根据研究整体框架，确定指标体系的系统构成与层级关系，形成韧性属性与物质空间要素之间的关联。

（2）科学性

韧性评价因子的提出应以科学性为前提，遵循城市暴雨内涝产生与发展的时间线、作用规律与作用机理，充分考虑暴雨内涝事件与城市建成环境空间发生作用或存在联系的要素。本研究对应对暴雨内涝的城市建成环境韧性因子的选取是在广泛的文献总结及实地踏勘的基础上进行的，充分梳理、总结与借鉴了相关权威文献及前序研究的理论基础，并通过对典型研究区域实地调研进一步确定关键性要素，保证暴雨内涝因子同时具备普适意义与在地价值。

（3）代表性

本研究以城市规划学科为主要研究视角，重点探讨基于物质空间环境维度的城市韧性，因此在确定应对暴雨内涝的韧性评价因子时，选取能够代表城市建成环境要素的因子，主要从城市内部的地形地质、基础设施、建筑、开放空间这四个方面选取相关因子。

2. 韧性评价因子相关研究

本研究主要以既有文献和研究成果为基础进行暴雨内涝相关因子的选取，为保证因子的科学性与可信度，在文献检索时优先选取 2010 年及以后的 SCI、EI、CSCD、CSSCI 等数据库来源的文献，同时兼顾暴雨内涝研究的多学科特点，将城乡规划学、气象学、水利学、地理学等学科研究所提出的指标体系纳入研究范围，以建成环境维度作为主要出发点，在文献分析与指标选取时具有一定的倾向性，应对暴雨内涝的评价因子研究总结如表 6-1 所示。

表 6-1 应对暴雨内涝的评价因子研究总结

指标体系	学者	提出时间	准则层	指标层
EEA 城市内涝脆弱性评价指标	Alex Harve 等	2010 年	暴露度	地面不透水率
			敏感度	经济、社会、外界服务和基础设施
			响应能力	灾害预警能力、工程技术手段
ETC/ACC 城市排水防涝脆弱性指标体系	Rob Swart 等	2012 年	暴露度	平均降雨量、降雨变率、预计降雨量
			敏感度	地表覆盖、地势、土壤、人口
			适应能力	科技、金融、教育、人口资源、职责

指标体系	学者	提出时间	准则层	指标层
洪涝灾害风险评价指标系统	Zou Junli 等	2014 年	危险性	洪涝频率、海拔高度、水库个数、耕地比例
			暴露性	人口密度、地均 GDP
			脆弱性	农业人口比例、受教育程度、自然村数、农作物播种面积、小企业比例
			防灾减灾能力	道路密度、应急避难场所数量
城市内涝风险管理指标体系	Han Songlei 等	2015 年	反思	防涝法规和排涝规划、土地利用与地下空间规划、排涝应急方案、信息交流和公众宣传
			抗御	工程性抗御措施、雨污分流、防汛实时监测与信息发布、城区内涝模型
			缓解	城区河道水位调控、涝水的行泄通道、涝水的储存滞蓄、径流源头控制
			响应	应急指挥系统、应急处置措施、人员营救安置方案、涝灾期间生活保障措施
			恢复	公共设施的重建、救灾物资的存储发放、废物垃圾的处理、个人财产损失处理
片区内涝风险评估指标体系	Li Biqi 等	2019 年	致灾因子	淹没水深、淹没历时
			孕灾环境	地面高程、坡度
			承灾体	人口密度、土地利用
			防灾减灾能力	距医院距离
暴雨内涝灾情预测指标体系	Li Haihong 等	2021 年	致灾因子	过程雨量、持续时间、最大雨量
			暴露度	人口数量、人口密度、地区生产总值
			脆弱性	时间、人口、下垫面、排水能力、报警意识
暴雨内涝灾害风险评估体系	Tang Haiji 等	2021 年	危险性	降雨量
			敏感性	地形高程、地形标准差、河湖水系、植被覆盖
			脆弱性	地均 GDP、人口密度
			防灾减灾能力	排水泵站、消防站点、避难场所
城市雨洪风险韧性指标体系	Wang Yixuan	2021 年	坚固性	排水设施密度、管径大小、排水体制、地区标高、水文地质条件等
			冗余性	基础设施冗余性
			网络与高效流动	区域道路密度、排水管网连接度、地表水体连通度等
			动态平衡	雨水资源化利用、智能设施等

3. 韧性评价因子库构建

在系统性、科学性、代表性原则的指导下，在总结相关文献及系统梳理城市建成环境构成要件及相关影响因素的基础上，形成应对暴雨内涝的城市建成环境韧性因子库。以城市韧性理论为出发点，因子提出与指标体系构建以韧性 4R 属性作为系统框架，即以坚固性、冗余性、资源可调配性及快速性四个韧性属性作为评价指标体系的目标层。通过总结、分析与筛选现有研究中所提出的韧性评价因子，将城市建成环境要素划分为地形地势、基础设施、建筑、开放空间等主要方面，并将它们作为一级指标层。然后对应提出各类物质空间环境中的相关量化因子，作为韧性体系框架的二级指标层，形成韧性属性指导下应对暴雨内涝的城市建成环境韧性评价因子（表6-2），包括四类目标层下的 34 项评价因子。

（1）坚固性

坚固性属于系统的抵抗力要素，一般认为其在灾害形成前发挥作用。本研究将坚固性理解为暴雨发生时建成环境抵抗暴雨的能力，避免各类物质空间要素被破坏而使暴雨事件演变为暴雨灾害。在坚固性目标层下主要选取水文地质条件、水电通信设施状态、内部防涝设施等 12 项因子，各项因子均体现系统在暴雨发生时抵抗威胁、保持内部稳定的能力。

（2）冗余性

冗余性同样属于系统的抵抗力要素，在灾害形成前发挥作用。在本研究中冗余性侧重于系统承载力有冗余量以蓄积过量雨水，不仅能够满足平时的系统功能，而且能够为异常降水的蓄积留有余地。在冗余性目标层下，主要选取绿地率、下垫面不透水率、水面率等 8 项因子，它们均与暴雨发生时系统滞纳雨水的能力密切相关。

（3）资源可调配性

资源可调配性属于系统的恢复力要素，在灾害发生后发挥作用。本研究将其定义为暴雨灾害发生后，调取所有资源应对灾害侵袭的能力，主要包括与救援相关的应急避难空间密度、区域消防站密度及应急备用设施等 7 项因子。

（4）快速性

快速性属于系统的恢复力要素，在灾害发生后发挥作用。本研究中的快速性代表暴雨灾害发生后受灾人员撤离、救援人员抵达受灾地点开展救援的速度。该目标层下主要有道路通达度、对外交通连接性、医疗设施距离、消防站距离等 7 项因子，各项因子均与保障暴雨灾害发生后尽快排除威胁、降低灾害损失密切相关。

表 6-2　应对暴雨内涝的城市建成环境韧性评价因子

目标层	一级指标层	二级指标层	指标说明	单位
坚固性	地形地质	地面高程	地面相对海平面的高度	米（m）
		水文地质条件	地下水可调蓄容积	立方米（m³）
		雨水坡降	地块内地表径流坡度	度（°）
	基础设施	排水体制	地块内部污水及雨水输送处理形式，如分流制、合流制	
		雨水管网密度	雨水管道长度 / 地块总面积，表征排水能力	千米 / 千米²（km/km²）
		水电通信设施状态	供水、供电、通信等基础设施的完备性、正常运行能力	
		雨水管道管径	雨水管道管径大小	毫米（mm）
		雨水调蓄设施密度	雨水泵站、雨水排放口数量 / 地块总面积	个 / 千米²（个 /km²）
		地下轨道交通密度	地下轨道交通线路长度 / 地块总面积，地下轨道交通空间地势低、风险等级较高	千米 / 千米²（km/km²）
	建筑	建筑年代	反映建筑与设施的老化程度	—
		底层防水性	地块内建筑底层材料与结构防水性能	
		内部防涝设施	防汛挡板、沙袋等设施	—
冗余性	开放空间	绿地率	地块内绿地总面积 / 区域总面积	百分比（%）
		下垫面不透水率	不渗透性下垫面面积之和 / 地块总面积	百分比（%）
		水面率	水域面积 / 地块总面积，水域可承担区域水资源调蓄功能	百分比（%）
		地表水体连通度	可用于调蓄引流的地表水体之间的连通程度	—
		植被类型	地被植物、乔木、灌木对暴雨的削减程度不同	
	基础设施	雨水管网连接度	地块内雨水管网连通程度	
	建筑	绿色设施 /屋顶绿化	可用于吸收储存雨水	—
		建筑密度	地块内建筑物基底面积之和 / 地块总面积	百分比（%）

目标层	一级指标层	二级指标层	指标说明	单位
资源可调配性	基础设施	应急避难空间密度	应急避难场所数量 / 地块总面积	个 / 千米² （个 /km²）
		区域道路密度	道路长度 / 地块总面积	千米 / 千米² （km/km²）
		区域医疗设施密度	地块内可进行医疗救治的综合医院、卫生院密度	个 / 千米² （个 /km²）
		区域消防站密度	地块内可进行紧急救援与物资调配的消防站密度	个 / 千米² （个 /km²）
		应急备用设施	水、电、通信等应急备用设施的完备性与状态	—
	建筑	应急访问级别	可用于紧急避难的建筑可访问程度	—
		内部功能转换度	建筑可转化为应急避难场所程度	—
快速性	基础设施	道路通达度	地块内道路连通程度	—
		对外交通连接性	对外交通道路长度 / 地块总面积	千米 / 千米² （km/km²）
		医疗设施距离	地块与综合医院、卫生院等医疗救治场所的距离	千米（km）
		消防站距离	地块与消防站的距离	千米（km）
		应急避难空间距离	地块与公园、广场高地等应急避难空间的距离	千米（km）
	建筑	建筑连廊	用于人群、物资疏散的高层连廊	—
		建筑二层平台	二层平台等用于人群、物资的疏散流通	—

6.1.2 京津冀典型区域建成环境韧性聚类研究

1. 聚类算法的相关研究

（1）聚类算法概况

聚类算法指根据数据集的属性和特征，将不具有类型标签的数据集划分为不同类型的过程，属于非监督学习的分类方法。监督学习与非监督学习的本质区别在于样本在分类前是否具有标签信息，即是否预先给定样本所对应的类型。监督学习的过程首先需要对具有标签信息的样本进行学习，从而自动完成不具有标签信息样本的类型划分；非监督学习适用于不具有标签信息的样本，通过大量训练得到样本之间的数据规律和内在联系，从而形成若干个不同类型，聚类算法是非监督学习中应用较为广泛的算法。

聚类算法的本质内涵是数据之间的类似性，根本目标是将初始数据集划分为若干个相互之间不存在交叉重叠的集合，每个集合都被称为一个聚类或一个簇，同一聚类中的数据在特定方面具有高度类似的特征，对应潜在的类型与概念解释。图6-1为聚类算法原理示意图，其中，图6-1（a）所示为未进行类型划分的初始数据集，当k=2时可能形成图6-1（b）（c）所示两种聚类结果；当k=4时可能形成图6-1（d）所示聚类结果，每个聚类的标签可以通过相似的数据属性进行解释。

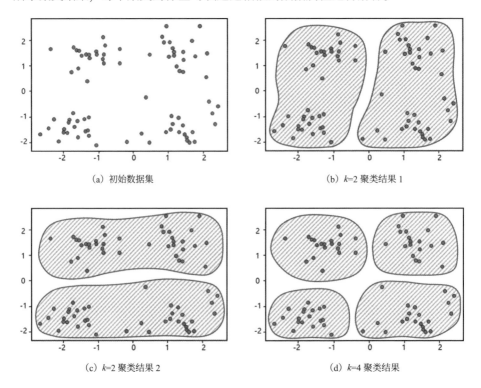

(a) 初始数据集　　　　　　　　　　(b) k=2聚类结果1

(c) k=2聚类结果2　　　　　　　　　(d) k=4聚类结果

图6-1　聚类算法原理示意图

（2）K-means算法原理

K-means算法又称k均值聚类算法，其分类标准是不同样本数据之间所具有的不同距离，即在数据坐标系中距离越近的数据之间具有越高的相似性。K-means算法的聚类过程首先从数据集中随机选取一个中心点，计算该点与其余数据之间的距离，通过若干次迭代运算选取最佳中心点，实现函数的收敛，以确保所有数据都存在于最佳的聚类之中，K-means算法的目标函数公式如下：

$$J = \sum_{j=1}^{k} \sum_{x_i \in w} \| x_i - c_j \|^2$$

$$c_j = \frac{1}{n} \sum_{x_i \in w} x_i$$

(6-1)

式中：J——K-means目标函数；

w——样本数据集；

x_i——数据集中的第 i 个样本数据；

c_j——第 j 个聚类的中心点。

由公式可知，该目标函数描述的是数据集中各点与中心点之间的距离关系，按照 K-means 方法所获得的聚类结果具有簇与簇之间差异性大、簇内数据之间相似性强的特点，符合本研究的聚类目标。进行聚类分析的 K-means 算法过程（图 6-2）主要包括 4 个步骤：

① 在 n 个样本初始数据中随机选取数量为 k（$0 < k \leqslant n$）的数据对象作为初始聚类的中心点（c_1，c_2，c_3，…），每个中心点数据对应一个初始聚类；

② 分别计算其余各数据 x_i 与选定的初始聚类中心点 c_j 之间的距离，并按照距离计算结果将数据分配到最佳的聚类中；

③ 对更新后的聚类进行均值计算，确定变化后的实时聚类中心点；

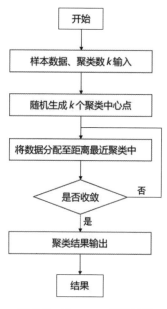

图 6-2　K-means 算法过程

④ 多次运行②③两个步骤，直至目标函数实现收敛或者聚类中心点维持稳定。

（3）K-means 算法特点及适用范围

聚类算法起源于分类学思想，最初的分类学以人类的经验和知识作为分类标准，随着数学分析工具的发展，以及人们对分类精度要求的提高，多元的数学工具和分析方法被引入分类学中，形成多种基于机器算法的聚类方法。

常见的聚类算法包括层次聚类法、K-means 算法、EM 算法、DBSCAN 算法等，这些聚类算法比较如表 6-3 所示。聚类方法可以以距离、密度、网格单元为标准进行不同类型的划分。与其他聚类算法相比，K-means 算法的特点体现在其处理速度较快，能够在短时间内实现目标函数收敛；形成的聚类之间差异大，适用于数据量较大的数值型数据聚类。本研究所选取的聚类指标均为数值型数据，目的在于获得具有显著差异的若干聚类，因此选取 K-means 算法作为聚类研究算法。

表 6-3　聚类算法比较

聚类算法	原理	特点	适用范围
层次聚类法	按照数据分层形成聚类，形成树状图结构	能够形成层次结构关系，计算复杂度高	层次结构较复杂的数据集
K-means 算法	基于样本之间相对距离的聚类算法	收敛速度快，收缩性能好，聚类效果好	数值型数据或凸形状数据集
EM 算法	通过迭代进行极大似然估计的算法	对初始值敏感性高	处理数据的缺测值，用于参数估计
DBSCAN 算法	基于密度的空间聚类算法	无须预先设定聚类数量，受异常数据影响较小	非常规形状数据集
Mean-Shift 算法	非参数聚类方法	无须预先设定聚类数量，对聚类形状无限制	图像平滑、图像分割、视频追踪
谱聚类算法	谱图理论下图的最优划分	能够在任意形状空间聚类并收敛于最优解	计算机视觉、VLSI 设计

2. 聚类指标数据获取与处理

（1）聚类指标数据获取

典型区域韧性类型划分以片区级韧性单元为分类基本单元，包括北京市 252 个片区级韧性单元、天津市 164 个片区级韧性单元及石家庄市 71 个片区级韧性单元。从应对暴雨内涝的城市建成环境的四个目标层、34 项评价因子中进一步筛选出 20 项可进行数值量化的指标，作为韧性类型划分的聚类指标。聚类指标数据获取（表 6-4）

包括坚固性（B）目标层下的地面高程（B1）、雨水坡降（B2）等六项指标，冗余性（D）目标层下的绿地率（D1）、下垫面不透水率（D2）等六项指标，资源可调配性（S）目标层下的应急避难空间密度（S1）、区域道路密度（S2）等四项指标，快速性（P）目标层下的道路通达度（P1）、医疗设施距离（P2）等四项指标。

表6-4　聚类指标数据获取

指标编号	指标描述	数据类型	单位	数据获取
B1	地面高程	数值	m	地理空间数据云
B2	雨水坡降	数值	°	地理空间数据云
B3	雨水管网密度	数值	m/km²	中心城区雨水系统规划
B4	雨水管道管径	数值	mm	中心城区雨水系统规划
B5	雨水调蓄设施密度	数值	个/km²	中心城区雨水系统规划
B6	地下轨道交通密度	数值	km/km²	OSM 公开地图
D1	绿地率	数值	%	地理空间数据云
D2	下垫面不透水率	数值	%	地理空间数据云、Esri 全球土地覆盖地图
D3	水面率	数值	%	Esri 全球土地覆盖地图
D4	地表水体连通度	数值	—	OSM 公开地图
D5	雨水管网连接度	数值	—	中心城区雨水系统规划
D6	建筑密度	数值	%	OSM 公开地图
S1	应急避难空间密度	数值	个/km²	OSM 公开地图
S2	区域道路密度	数值	km/km²	OSM 公开地图
S3	区域医疗设施密度	数值	个/km²	高德 POI 开放平台
S4	区域消防站密度	数值	个/km²	高德 POI 开放平台
P1	道路通达度	数值	—	OSM 公开地图
P2	医疗设施距离	数值	km	高德 POI 开放平台
P3	消防站距离	数值	km	高德 POI 开放平台
P4	应急避难空间距离	数值	km	高德 POI 开放平台

（2）聚类指标数据标准化

首先对暴雨内涝建成环境韧性聚类数据指标进行统一的正向化与归一化处理，即将负向因子转化为正向表达，并将所有因子的取值范围归为 0 到 1 区间，消除由单位、量级等差异造成的结果误差。通过文献分析和经验总结得到负向因子，包括地下轨道交通密度、下垫面不透水率、建筑密度、医疗设施距离、消防站距离、应急避难空间距离六项，首先对其进行取反，使因子数据变为负数，在此基础上对因子数据进行坐标平移，实现指标数据的正向化，并统一对 20 项指标数据进行归一化

处理, 标准化处理公式为:

$$X_i^* = \frac{X_i - X_{\min}}{X_{\max} - X_{\min}}$$ (6-2)

式中: X_i^*——归一化后的指标数值;

$\quad\quad X_i$——指标初始值;

$\quad\quad X_{\min}$——同一指标中的最小取值;

$\quad\quad X_{\max}$——同一指标中的最大取值。

完成标准化后得到片区级韧性单元指标数据, 其中北京市 252 个单元编号范围为 B-C-01 至 B-X-20, 天津市 164 个单元编号范围为 T-B-01 至 T-XQ-15, 石家庄市 71 个单元编号范围为 S-C-01 至 S-Y-12, 分别对应 B1 至 P4 共 20 项聚类指标数据, 形成标准化聚类指标数据矩阵 (表 6-5)。

表 6-5 标准化聚类指标数据矩阵

序号	单元编号	B1	B2	B3	B4	......	P1	P2	P3	P4	......
1	T-B-01	0.40	0.33	0.80	0.62	......	0.47	0.88	0.75	0.92	......
2	T-B-02	0.40	0.33	0.23	0.64	......	0.47	0.90	0.78	0.92	......
3	T-B-03	0.53	0.33	0.32	0.64	......	0.52	0.85	0.69	0.81	......
4	T-B-04	0.40	0.33	0.40	0.64	......	0.48	0.85	0.75	0.81	......
5	T-B-05	0.47	0.33	0.55	0.59	......	0.67	0.85	0.75	0.96	......
6	T-B-06	0.53	0.33	0.29	0.67	......	0.50	0.85	0.38	0.93	......
7	T-B-07	0.67	0.33	0.38	0.51	......	0.53	0.69	0.63	0.87	......
8	T-B-08	0.33	0.33	0.00	0.00	......	0.45	0.90	0.53	0.92	......
9	T-B-09	0.47	0.33	0.59	0.63	......	0.44	0.54	0.25	0.77	......
10	T-B-10	0.40	0.33	0.45	0.75	......	0.45	0.69	0.60	0.70	......
11	B-C-01	0.05	0.67	0.00	0.00	......	0.40	0.69	0.63	0.25	......
12	B-C-02	0.05	0.67	0.00	0.00	......	0.35	0.42	0.50	0.55	......
13	B-C-03	0.05	0.67	0.00	0.00	......	0.43	0.83	0.88	0.55	......
14	B-C-04	0.00	0.33	0.00	0.00	......	0.20	0.14	0.63	0.75	......
15	B-C-05	0.01	0.33	0.00	0.00	......	0.29	0.20	0.75	0.67	......
16	B-C-06	0.04	0.78	0.20	0.20	......	0.55	0.56	0.88	0.75	......
17	B-C-07	0.13	0.56	0.16	0.16	......	0.70	0.83	0.75	0.92	......
18	B-C-08	0.10	0.78	0.22	0.22	......	0.63	0.69	0.63	1.00	......
19	B-C-09	0.14	0.78	0.73	0.73	......	0.60	0.83	0.63	0.75	......
20	B-C-10	0.02	0.56	0.00	0.00	......	0.25	0.36	0.68	0.65	......
21	S-C-01	0.67	0.33	0.11	0.16	......	0.11	0.50	0.00	0.25	......
22	S-C-02	0.72	0.67	0.09	0.26	......	0.05	0.50	0.57	0.50	......
23	S-C-03	0.80	0.67	0.60	0.38	......	0.08	0.50	0.86	1.00	......
24	S-C-04	0.62	0.33	0.23	0.19	......	0.16	0.50	0.29	0.50	......
25	S-C-05	0.66	0.67	0.06	0.12	......	0.16	0.00	0.71	0.50	......
26	S-C-06	0.84	0.67	0.79	0.34	......	0.18	1.00	0.86	1.00	......
27	S-C-07	0.63	1.00	0.36	0.30	......	0.22	0.50	0.80	0.75	......

序号	单元编号	B1	B2	B3	B4	……	P1	P2	P3	P4	……
28	S-C-08	0.53	0.56	0.59	0.41	……	0.33	0.50	0.71	1.00	……
29	S-C-09	0.45	0.00	0.48	0.48	……	0.38	0.50	0.86	0.75	……
30	S-C-10	0.58	1.00	0.11	0.58	……	0.68	0.00	0.57	0.00	……
……	……	……	……	……	……	……	……	……	……	……	……

（3）聚类指标数据图示化

①地理空间数据云相关因子数据。

地理空间数据云平台集合了多种地球科学相关数据，检索地理空间数据云平台，获取北京市、天津市、石家庄市中心城区典型区域范围内 ASTER GDEM 30 m 分辨率数据，用于与城市地表高度、坡度相关数据的计算与分析。运用地理空间数据云平台对 DEM 高程栅格数据进行表面分析，得到北京市、天津市、石家庄市的地面高程及雨水坡降因子数据（图 6-3），由图可见北京市、石家庄市地形均呈现西北高、东南低的特征，天津市地形呈现出中心较高、周边较低的整体分布特征。

②中心城区雨水系统规划相关因子数据。

根据《北京市市政基础设施专项规划（2020—2035 年）》《天津市排水专项规划（2020—2035 年）》《石家庄市城市排水（雨水）防涝综合规划（2014—2020 年）》等相关规划获取雨水系统划分、现状及改建泵站、收水范围等信息，从中提取研究所需的雨水管道走向、雨水管道管径、雨水调蓄设施分布等基本信息。在与雨水系统相关的因子中，雨水管网、雨水管道管径、雨水调蓄设施因子数据可直接获取 [图 6-4（a）（b）（c）]，雨水管网连接度因子数据需要运用 Depthmap X 软件进一步计算获取 [图 6-4（d）]。运用轴线法对雨水管网矢量数据进行转换，进而执行图形分析功能，最终将雨水管网连接度自动划分为 1 ～ 6 等级，数值越大表示管网连接度越强。

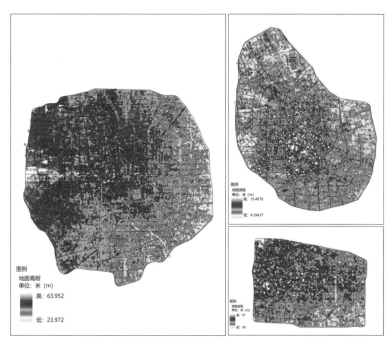

（a）地面高程因子数据

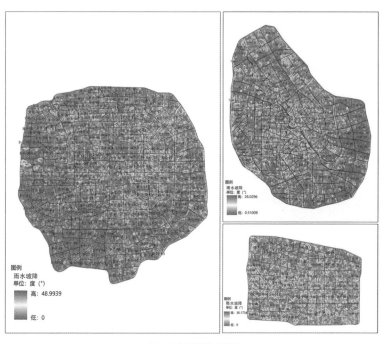

（b）雨水坡降因子数据

图6-3　地理空间数据云平台相关因子数据

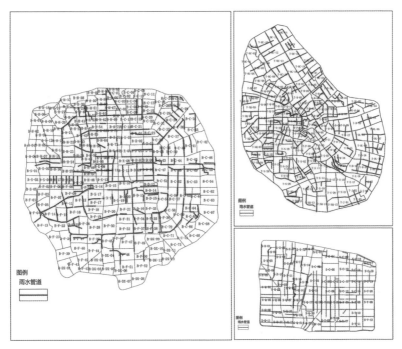

（a）雨水管网因子数据

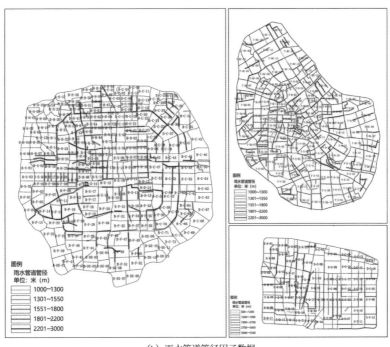

（b）雨水管道管径因子数据

图6-4 中心城区雨水系统相关因子数据

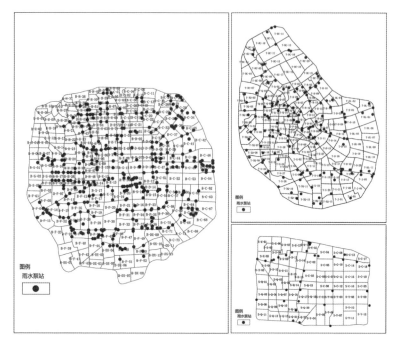

（c）雨水调蓄设施因子数据

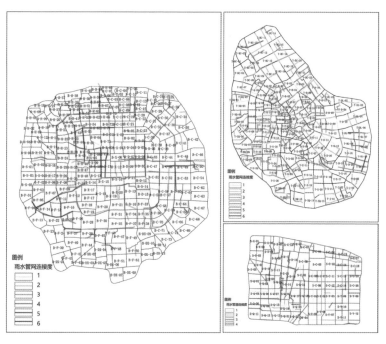

（d）雨水管网连接度因子数据

续图 6-4

③ OSM 相关因子数据。

OSM 是公开的地理信息服务平台，它集合了建筑、道路等重要城市地物数据信息。通过 OSM 官方网站（http://www.OSM.org/）中的 Geofabrik 下载工具获取新的 .shp 矢量数据，在 ArcGIS 中加载并裁剪出北京市、天津市、石家庄市中心城区的研究范围，得到区域内的建筑、道路、地下轨道交通因子数据 [（图 6-5（a）（b）（c）]。在地表水体矢量数据、道路矢量数据的基础上进一步运用 Depthmap X 工具进行连通度分析，获取地表水体连通度及道路通达度因子数据，其中地表水体连通度划分为 1～5 等级，道路通达度划分为 1～9 等级 [图 6-5（d）（e）]。

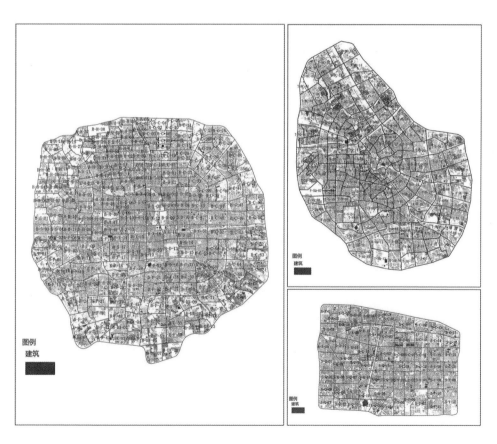

（a）建筑因子数据

图 6-5　OSM 相关因子数据

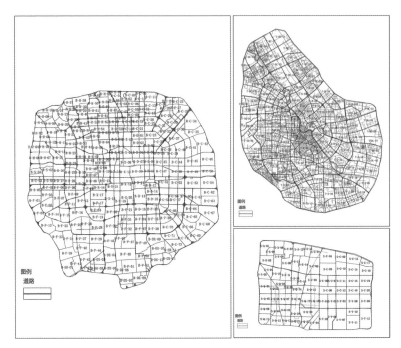

（b）道路因子数据

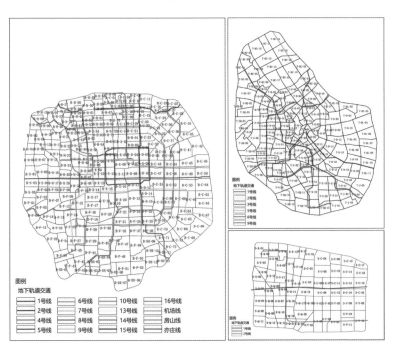

（c）地下轨道交通因子数据

续图 6-5

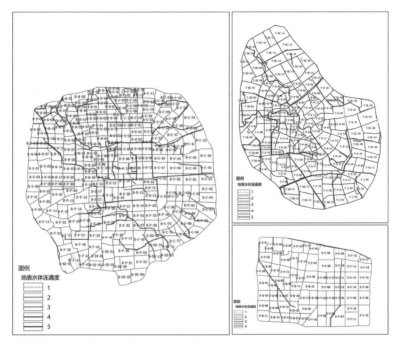

（d）地表水体连通度因子数据

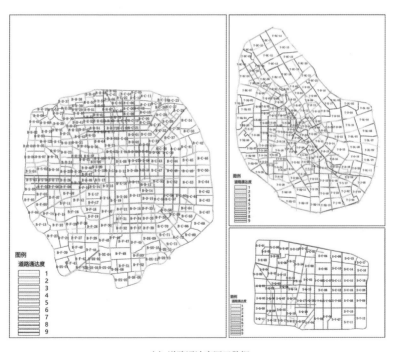

（e）道路通达度因子数据

续图 6-5

④ Landsat8 OLI_TIRS 卫星遥感相关因子数据。

为获取北京市、天津市、石家庄市研究区域范围内的绿地、水体及不透水面分布情况，本研究采用 ENVI 5.3 软件对卫星遥感数据进行解译分析。首先通过地理空间数据云平台选取和下载 Landsat8 OLI_TIRS 遥感影像，并分别采用归一化差值植被指数 NDVI（normalized difference vegetation index）量化植被分布、归一化差值水体指数 NDWI 量化水体分布，运用 ENVI 软件中的波段计算器工具进行计算，计算公式分别为：

$$NDVI = (band5 - band4) / (band5 + band4) \qquad (6\text{-}3)$$

$$NDWI = (band3 - band5) / (band3 + band5) \qquad (6\text{-}4)$$

其中band3、band4、band5表示遥感影像的不同波段数，计算完成后将.tiff数据加载至ArcGIS并转化为矢量数据，得到城市绿地及城市水系因子数据[（图6-6（a）（b）]。城市内透水面分布以植被、水体、土壤用地类型为主，以区域总体范围裁剪透水面范围即为城市不透水面范围。通过Esri平台下载全球10m分辨率土地覆盖数据，从中提取耕地、林地、裸土数据信息，与遥感影像所识别的植被、水体相叠加，获得城市透水面矢量数据，进一步裁剪获得城市不透水面因子数据[图6-6（c）]。

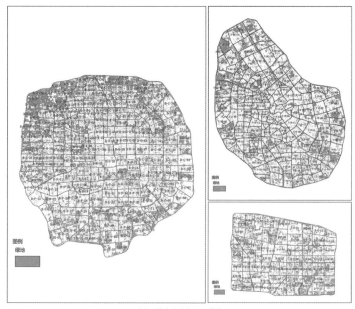

（a）城市绿地因子数据

图 6-6　卫星遥感相关因子数据

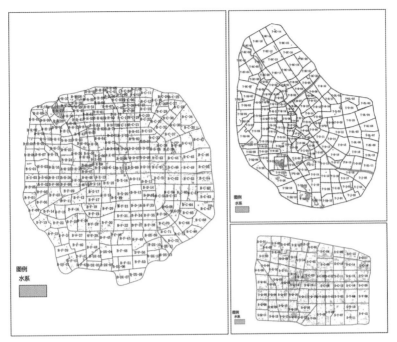

（b）城市水系因子数据

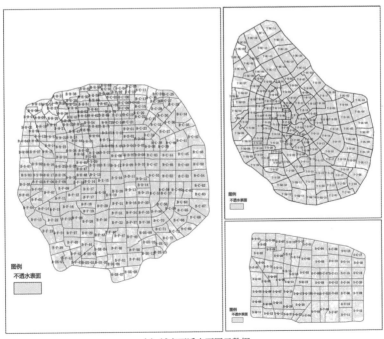

（c）城市不透水面因子数据

续图 6-6

⑤ 高德开放平台 POI 相关因子数据。

POI（Point of Interest）兴趣点数据包含城市各类物质空间要素的位置、名称、类别等信息，通过高德地图获取 API Key，对北京市、天津市、石家庄市中心城区典型区域范围内的相关兴趣点因子进行抓取，获得研究区域范围内的公园、广场等应急避难空间，以及医疗设施、消防站的因子数据 [图 6-7（a）（b）（c）]。在此基础上运用 ArcGIS 多环缓冲区工具对应急避难空间、医疗设施、消防站点状矢量图层进行分析，形成 500 ～ 3500 m 多级缓冲区空间，获得应急避难空间、医疗设施、消防站距离因子数据（图 6-7（d）（e）（f））。

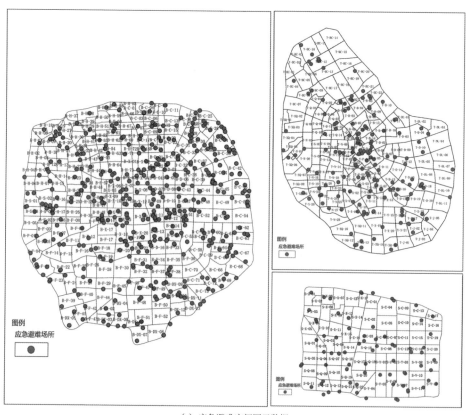

（a）应急避难空间因子数据

图 6-7　高德开放平台 POI 相关因子数据

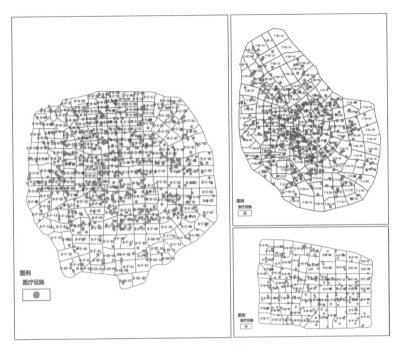

（b）医疗设施因子数据

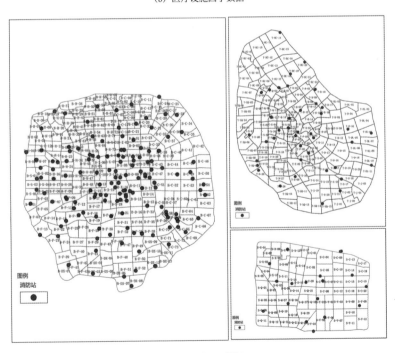

（c）消防站因子数据

续图 6-7

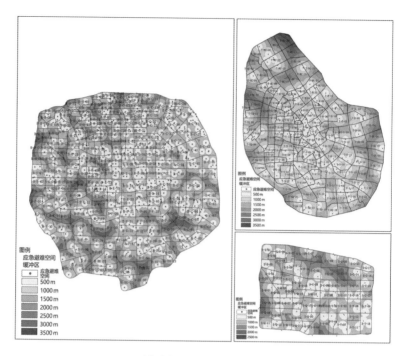

（d）应急避难空间距离因子数据

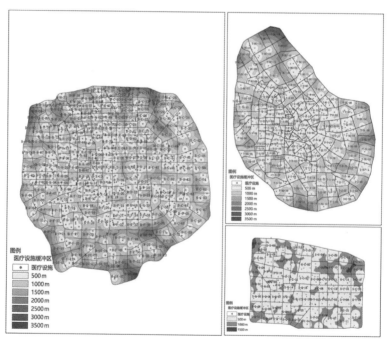

（e）医疗设施距离因子数据

续图 6-7

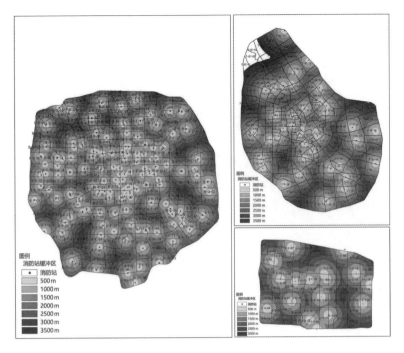

（f）消防站距离因子数据

续图6-7

3. 基于韧性属性的聚类结果

（1）K-means 算法实现

本研究采用 GitHub 开源代码库获取基于 Python 语言的 K-means 算法源代码，使用 PyCharm 编辑器、Anaconda 管理器完成运行环境搭建及代码参数调整。首先在编辑器中加载标准化后的暴雨内涝 20 项韧性聚类指标，并输入由手肘法和轮廓系数法得到的最佳聚类值 $k=16$，通过多次实验调整代码中的随机数 seed 值，获得最佳聚类结果。K-means 算法实现过程如图 6-8 所示。最终将北京市、天津市、石家庄市 487 个片区级韧性单元划分为 16 个聚类，分别命名为 Cluster1（聚类 1）至 Cluster16（聚类 16）K-means 韧性单元聚类结果如表 6-6 所示。

（a）算法运行界面

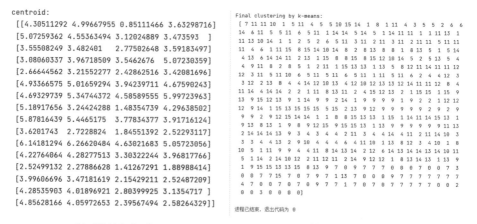

（b）特征点生成示意　　　　　　　　　（c）聚类结果输出示意

图 6-8　K-means 算法实现过程

表 6-6　K-means 韧性单元聚类结果

聚类	韧性单元
Cluster1	B-C-09、B-C-14、B-C-18、B-C-27、B-C-36、B-C-38、B-C-47、B-C-50……
Cluster 2	B-C-12、B-C-23、B-C-30、B-C-32、B-C-33、B-D-06、B-H-11、B-H-16……
Cluster 3	T-D-06、T-N-18、T-X-02、S-X-05
Cluster 4	B-C-08、B-C-20、B-C-39、B-C-43、B-C-48、B-C-49、B-C-51、B-C-53……
Cluster 5	B-C-41、B-C-46、B-C-63、B-C-72、B-C-73、B-D-15、B-DX-08、B-DX-10……

（续表）

聚类	韧性单元
Cluster 6	B-C-59、B-C-60、B-C-64、B-F-05、B-F-06、B-F-17、B-F-18、B-F-19……
Cluster 7	B-C-62、B-D-05、B-DX-03、B-DX-07、B-DX-11、B-DX-12、B-DX-13……
Cluster 8	B-C-52、B-C-54、B-C-58、B-C-61、B-C-66、B-C-67、B-C-68、B-C-69……
Cluster 9	B-C-04、B-C-05、B-C-24、B-C-25、B-C-29、B-C-37、B-C-40、B-H-01……
Cluster 10	T-B-09、T-BC-03、T-BC-04、T-BC-20、T-DL-11、T-N-20、S-C-01
Cluster 11	S-C-09、S-C-11、S-X-02、S-Y-06
Cluster 12	B-C-07、B-C-15、B-C-21、B-C-34、B-C-45、B-F-01、B-H-10、B-H-35……
Cluster 13	B-C-01、B-C-10、B-C-11、B-C-16、B-C-31、B-C-42、B-H-02、B-H-04……
Cluster 14	S-C-07、S-Q-13、S-Q-19、S-X-03、S-X-07、S-X-13、S-Y-05
Cluster 15	B-C-02、B-C-28、B-C-35、B-H-09、B-H-22、B-H-28、B-H-50、T-B-02……
Cluster 16	B-C-03、B-C-06、B-C-13、B-C-17、B-C-19、B-C-22、B-C-26、B-C-44……

（2）最佳聚类值 k 确定

①手肘法 SSE。

手肘法是 K-means 算法中用于最佳聚类值 k 的验证的方法。手肘法的运算基于 SSE 误差平方和函数，其原理是随着聚类数量 k 的不断增加，划分的精度也不断增高，整体的误差平方和将逐渐减小。因此 SSE 函数是一个随着 k 值增大而不断下降的连续曲线，当横轴 k 值未达到最佳聚类值时，误差平方和随着聚类数量的增加而快速降低，此时的 SSE 曲线斜率大；而当横轴数值达到最佳聚类值 k 时，SSE 曲线的下降速率迅速减小，形成一个类似手肘形状的曲线凹点，因此该方法被称为手肘法，其公式为：

$$SSE = \sum_{i=1}^{k} \sum_{p \in C_i} |p - m_i|^2 \tag{6-5}$$

式中：SSE——误差平方和；

C_i——第 i 个聚类；

p——C_i 中的样本数据点；

m_i——第 i 个聚类的中心点。

②轮廓系数法。

轮廓系数法通过计算聚类中各样本之间的距离，得到不同 k 值对应聚类的凝聚度和分离度，从而反映聚类效果的优劣，数据集合中第 i 个样本点 X_i 的轮廓系数计算公式为：

$$S=\frac{b-a}{\max \ (a, \ b)} \qquad (6-6)$$

式中：S——轮廓系数；

$\quad\quad a$——样本点 X_i 与聚类中其他样本点之间的平均距离，反映聚类内部数据的凝聚程度；

$\quad\quad b$——样本点 X_i 与最近聚类中所有样本点之间的平均距离，反映不同聚类之间的分离程度，其中最近聚类的计算公式为：

$$C_j=\mathrm{argmin}_{ck}\frac{1}{n}\sum_{p\in C_k}|p-X_i|^2 \qquad (6-7)$$

式中：p——第 k 个簇 C_k 中的任意样本点，即以聚类 X_i 中样本点到其他聚类中样本点的平均距离作为该点到该聚类的距离，平均距离最小的即为最近聚类。

对各样本点轮廓系数值进行取平均值计算，得到的结果为整个聚类的平均轮廓系数，其取值范围在 [－1，1] 区间内，由公式（6-7）可知，轮廓系数值越大，代表聚类内部样本数据之间的相似性、凝聚性越高，不同聚类之间的差异性、分离度越高，代表聚类的结果越显著，因此通常情况下，使得轮廓系数值最大的 k 值即为该组数据的最适宜的聚类个数。

本研究采用 Python 语言的 sklearn.cluster、sklearn.metrics 模块实现函数调用，计算出标准化聚类指标数据的 SSE 值及轮廓系数，并通过 matplotlib.pyplot 模块完成数据的可视化。采用手肘法 SSE 及轮廓系数法计算最佳聚类值 k 如图 6-9 所示。由图 6-9（a）可见，当 $k \leqslant 16$ 时，随着 k 值的增大，SSE 值快速减小，当 $k=17$ 时 SSE 值减小速率明显变小，形成以 $k=16$ 为拐点的手肘形状。由图 6-9（b）可见，在 $k=2$、$k=4$ 时对应轮廓系数值较大，聚类效果较好，但与左图对比发现，此时的 SSE 值仍较大，而 $k=14$、$k=16$ 时轮廓系数值相对较高，同样具有较好的聚类结果。综合考虑韧性 4R 属性的划分特征，以及通过手肘法 SSE、轮廓系数法计算得到的结果，最终确定 $k=16$ 作为本研究的最佳聚类值，它将被作为重要参数代入后续程序中用于聚类结果的生成。

（3）聚类结果校核

完成 K-means 聚类生成后需要对结果进行校核，检验每个聚类内部数据是否具

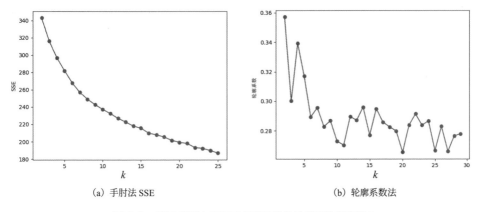

(a) 手肘法 SSE   (b) 轮廓系数法

图 6-9　采用手肘法 SSE 及轮廓系数法计算最佳聚类值 k

有内部一致性。为便于数据统计及对指标数据内在规律的发掘，分别以聚类指标所对应的韧性 4R 属性，即坚固性（B）、冗余性（D）、资源可调配性（S）、快速性（P），对 20 项指标数据进行分类统计，并以此为基础对 16 个聚类结果进行校核与分析。将机器学习形成的 16 个聚类分别进行数据统计，得到应对暴雨内涝的韧性指标数值分布特征，并绘制成图 6-10，图中横坐标代表的是韧性单元的 4R 属性，纵坐标代表的是属性值，折线代表聚类内样本。由折线图可见，聚类 1 至聚类 16 中每个单元所对应的 4 项韧性指标均具有相似的数据走势，这说明各聚类内部的韧性单元在 4 项韧性属性方面具有相似的特征，聚类结果具有较好的内部一致性。

为获取各聚类所代表的实际意义，对各聚类中心特征点数值分布进行了横向对比，如图 6-11 所示，图中横坐标代表坚固性（B）、冗余性（D）、资源可调配性（S）、快速性（P）4 项韧性属性，在"韧性属性"中，H 代表高属性，L 代表低属性，如"HHHH"代表高坚固性-高冗余性-高资源可调配性-高快速性。结果显示，不同聚类所反映的韧性属性特征具有较大差异，例如，聚类 1 所对应的 4 项指标均较高，聚类 2 所对应的前 3 项指标较高而快速性较低，聚类 11 所对应的冗余性、快速性指标较高而坚固性、资源可调配性指标低，形成明显的 S 形，聚类 16 所对应的 4 项指标均较低，据此可通过韧性 4R 属性的高低进行韧性单元类型的划分。

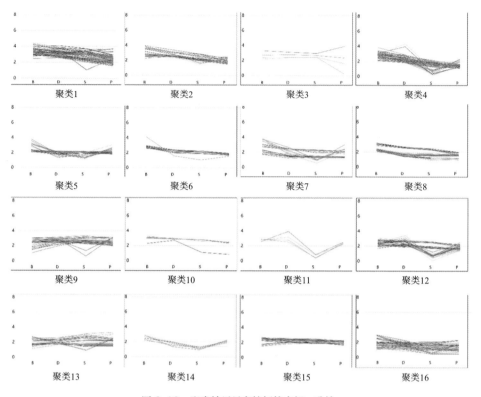

图 6-10　聚类结果具有较好的内部一致性

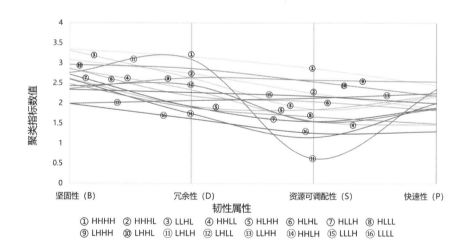

图 6-11　各聚类中心特征点数值分布横向对比

（4）聚类结果分析

根据聚类校核结果得到基于韧性 4R 属性的聚类分布特征，据此分别对 16 个聚类进行解释与命名。结合聚类数据折线走势及不同聚类间的指标值排序，得到聚类所对应的韧性属性意义，进而将高坚固、低坚固、高冗余、低冗余、高调配、低调配、高速度、低速度 8 种情况相互耦合，形成高坚固 - 高冗余 - 高调配 - 高速度（HB-HD-HS-HP）、高坚固 - 高冗余 - 高调配 - 低速度（HB-HD-HS-LP）、高坚固 - 高冗余 - 低调配 - 高速度（HB-HD-LS-HP）、高坚固 - 高冗余 - 低调配 - 低速度（HB-HD-LS-LP）等 16 种应对暴雨内涝的城市建成环境韧性类型（表 6-7）。

将聚类结果进行图示化展示，分别得到北京市、天津市、石家庄市片区级典型韧性单元类型分布图（图 6-12），以深浅不同的灰色表示不同的韧性类型。每座典型城市包含韧性类型存在差异，北京市、天津市、石家庄市分别包含 16 种韧性类型中的 12 类、12 类、14 类。其中北京市分布数量最多的韧性单元类型为高坚固 - 高冗余 - 高调配 - 高速度（HB-HD-HS-HP）、高坚固 - 高冗余 - 低调配 - 低速度（HB-HD-LS-LP）两类；天津市分布数量最多的韧性单元类型为高坚固 - 高冗余 - 高调配 - 高速度（HB-HD-HS-HP）、低坚固 - 低冗余 - 低调配 - 低速度（LB-LD-LS-LP）两类；石家庄市分布数量最多的韧性单元类型为高坚固 - 高冗余 - 低调配 - 低速度（HB-HD-LS-LP）、低坚固 - 高冗余 - 低调配 - 低速度（LB-HD-LS-LP）两类。

表 6-7　应对暴雨内涝的城市建成环境韧性类型

			高冗余			低冗余
高坚固	高调配	高速度	高坚固 - 高冗余 - 高调配 - 高速度（HB-HD-HS-HP）	高速度	高调配	高坚固 - 低冗余 - 高调配 - 高速度（HB-LD-HS-HP）
		低速度	高坚固 - 高冗余 - 高调配 - 低速度（HB-HD-HS-LP）		低调配	高坚固 - 低冗余 - 低调配 - 高速度（HB-LD-LS-HP）
	低调配	高速度	高坚固 - 高冗余 - 低调配 - 高速度（HB-HD-LS-HP）	低速度	高调配	高坚固 - 低冗余 - 高调配 - 低速度（HB-LD-HS-LP）
		低速度	高坚固 - 高冗余 - 低调配 - 低速度（HB-HD-LS-LP）		低调配	高坚固 - 低冗余 - 低调配 - 低速度（HB-LD-LS-LP）
低坚固	高调配	高速度	低坚固 - 高冗余 - 高调配 - 高速度（LB-HD-HS-HP）	高速度	高调配	低坚固 - 低冗余 - 高调配 - 高速度（LB-LD-HS-HP）
		低速度	低坚固 - 高冗余 - 高调配 - 低速度（LB-HD-HS-LP）		低调配	低坚固 - 低冗余 - 低调配 - 高速度（LB-LD-LS-HP）
	低调配	高速度	低坚固 - 高冗余 - 低调配 - 高速度（LB-HD-LS-HP）	低速度	高调配	低坚固 - 低冗余 - 高调配 - 低速度（LB-LD-HS-LP）
		低速度	低坚固 - 高冗余 - 低调配 - 低速度（LB-HD-LS-LP）		低调配	低坚固 - 低冗余 - 低调配 - 低速度（LB-LD-LS-LP）

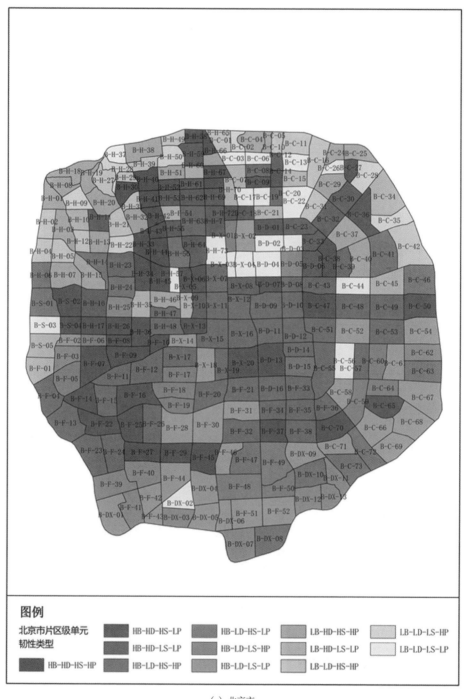

（a）北京市

图 6-12　北京、天津、石家庄典型韧性单元类型分布图

图例

天津市片区级单元
韧性类型

HB-HD-HS-LP　　HB-LD-LS-HP　　LB-HD-HS-LP　　LB-LD-LS-HP

HB-HD-LS-HP　　HB-LD-LS-LP　　LB-HD-LS-LP　　LB-LD-LS-LP

HB-HD-HS-HP　　HB-HD-LS-LP　　LB-HD-HS-HP　　LB-LD-HS-LP

（b）天津市

续图 6-12

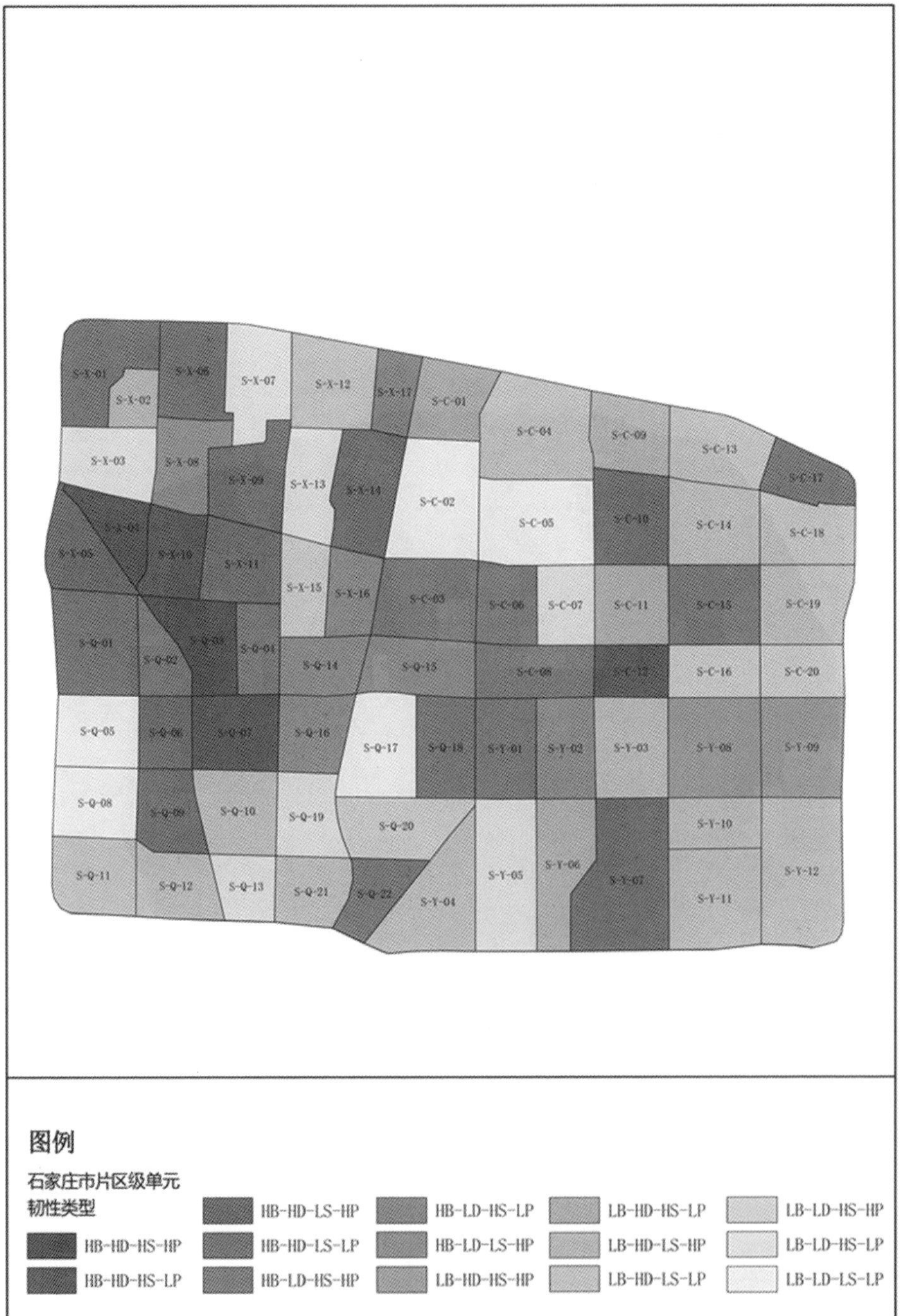
S-X-01
S-X-06
S-X-07
S-X-12
S-X-17
S-C-01
S-X-02
S-C-04
S-C-09
S-C-13
S-X-03
S-X-08
S-X-09
S-X-13
S-X-14
S-C-02
S-C-17
S-X-04
S-X-05
S-X-10
S-X-11
S-C-05
S-C-10
S-C-14
S-C-18
S-X-15
S-X-16
S-C-03
S-C-06
S-C-07
S-C-11
S-C-15
S-C-19
S-Q-01
S-Q-02
S-Q-03
S-Q-04
S-Q-14
S-Q-15
S-C-08
S-C-12
S-C-16
S-C-20
S-Q-05
S-Q-06
S-Q-07
S-Q-16
S-Q-17
S-Q-18
S-Y-01
S-Y-02
S-Y-03
S-Y-08
S-Y-09
S-Q-08
S-Q-09
S-Q-10
S-Q-19
S-Q-20
S-Y-10
S-Q-11
S-Q-12
S-Q-13
S-Q-21
S-Q-22
S-Y-04
S-Y-05
S-Y-06
S-Y-07
S-Y-12
S-Y-11
图例
石家庄市片区级单元
韧性类型
HB-HD-HS-HP
HB-HD-HS-LP
HB-HD-LS-HP
HB-HD-LS-LP
HB-LD-HS-HP
HB-LD-HS-LP
HB-LD-LS-HP
LB-HD-HS-HP
LB-HD-HS-LP
LB-HD-LS-HP
LB-HD-LS-LP
LB-LD-HS-HP
LB-LD-HS-LP
LB-LD-LS-LP

(c) 石家庄市

续图 6-12

4. 韧性单元类型谱系生成

根据韧性属性将典型区域划分为 16 种韧性类型后，进一步将韧性类型总结为优势聚类、优劣结合聚类和劣势聚类，从而反映不同单元在应对暴雨内涝方面所表现出的不同作用方式与韧性类型。将三种及以上属性为高的聚类定义为优势聚类，共包括高坚固 - 高冗余 - 高调配 - 高速度、高坚固 - 高冗余 - 高调配 - 低速度、高坚固 - 高冗余 - 低调配 - 高速度等 5 类，图中以最深色表示；将三种及以下属性为低的聚类定义为劣势聚类，共包括低坚固 - 高冗余 - 低调配 - 低速度、高坚固 - 低冗余 - 低调配 - 低速度、低坚固 - 低冗余 - 低调配 - 高速度等 5 类，图中以最浅色表示；将其余两种属性高、两种属性低的聚类定义为优劣结合聚类，共包括高坚固 - 高冗余 - 低调配 - 低速度、低坚固 - 高冗余 - 高调配 - 低速度、低坚固 - 高冗余 - 低调配 - 高速度等 6 类，图中以中间深浅颜色表示，分别得到三座典型城市韧性单元类型谱系划分图（图 6-13）。

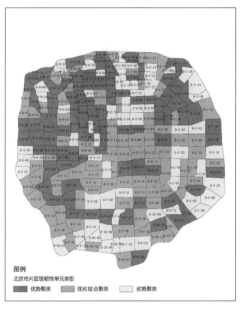

图例
北京市片区级韧性单元类型
■ 优势聚类　■ 优劣结合聚类　□ 劣势聚类

（a）北京市

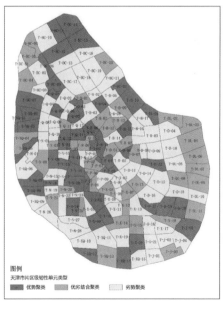

图例
天津市片区级韧性单元类型
■ 优势聚类　■ 优劣结合聚类　□ 劣势聚类

（b）天津市

图 6-13　北京、天津、石家庄典型城市韧性单元类型谱系划分图

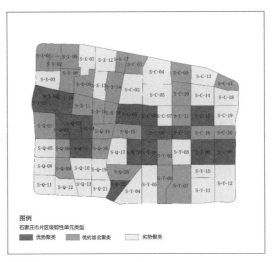

图例

石家庄市片区级韧性单元类型

■ 优势聚类　■ 优劣结合聚类　□ 劣势聚类

(c) 石家庄市

续图 6-13

（1）优势聚类

优势聚类指在韧性的 4 项属性之中有 3 种或 4 种属性数值较高的聚类，表明该类单元在多个方面表现出较高韧性水平，能够以多种途径抵抗暴雨扰动或从暴雨内涝灾害中恢复。经统计，北京市、天津市、石家庄市分别有 40.5%、31.10% 和 23.94% 的片区级韧性单元属于优势聚类，按所占比例从大到小排序分别为北京市、天津市、石家庄市，反映出北京市典型区域在更多方面具有高韧性水平，天津市、石家庄市典型区域在更少方面具有高韧性水平。京津冀典型城市优势聚类韧性单元列表如表 6-8 所示。

北京市优势聚类韧性单元分布在中心城区典型区域的西北部，包括海淀区大部分韧性单元和石景山区部分韧性单元，其次分布较多的为中心城区典型区域的东北部，在朝阳区首都机场高速两侧呈团块状分布，此外优势聚类在中心城区典型区域南部的丰台区有集中分布，主要在南四环路南侧呈线状分布 [图 6-14（a）]。

天津市优势聚类韧性单元分布在中心城区典型区域中部、北部区域，最集中的区域为和平区海河沿线单元，其他优势聚类单元在南开区高校片区、水上公园片区有集中分布，中心城区典型区域北部的北辰区北部、东南部的东丽区沿海河区域也有小规模优势聚类韧性单元聚集 [图 6-14（b）]。

石家庄市优势聚类韧性单元分布在中心城区典型区域南北向的中间段，包括西部桥西区、新华区范围内的民心河沿岸韧性单元，以及东部长安区、裕华区范围内的中山东路两侧韧性单元 [图 6-14（c）]。

表 6-8　京津冀典型城市优势聚类韧性单元列表

韧性类型	典型城市	单元数量	韧性单元
高坚固 - 高冗余 - 高调配 - 高速度（HB-HD-HS-HP）	北京市（B）	49	B-C-09、B-C-14、B-C-18、B-C-27、B-C-36、B-C-38、B-C-47、B-C-50、B-C-65、B-C-70、B-D-01、B-D-07、B-D-13、B-F-07、B-F-08、B-F-09、B-F-10、B-F-14、B-F-16、B-F-22、B-F-25、B-F-27、B-F-29、B-F-37、B-F-45、B-H-17、B-H-26、B-H-30、B-H-33、B-H-34、B-H-36、B-H-40、B-H-41、B-H-42、B-H-43、B-H-44、B-H-45、B-H-52、B-H-58、B-H-65、B-H-67、B-H-68、B-H-72、B-S-02、B-S-04、B-X-05、B-X-06、B-X-13、B-X-20
	天津市(T)	26	T-B-04、T-B-06、T-B-10、T-B-11、T-BC-06、T-D-12、T-D-17、T-D-19、T-D-20、T-J-05、T-N-07、T-N-16、T-N-24、T-Q-01、T-Q-03、T-Q-07、T-Q-14、T-Q-15、T-X-09、T-XQ-01、T-XQ-02、T-XQ-03、T-XQ-05、T-XQ-07、T-XQ-08、T-XQ-12
	石家庄市（S）	2	S-Q-03、S-X-04
高坚固 - 高冗余 - 高调配 - 低速度（HB-HD-HS-LP）	北京市（B）	18	B-C-12、B-C-23、B-C-30、B-C-32、B-C-33、B-D-06、B-H-11、B-H-16、B-H-53、B-H-55、B-H-59、B-H-61、B-H-62、B-H-64、B-H-69、B-H-71、B-X-08、B-X-10
	天津市(T)	11	T-B-15、T-N-04、T-N-09、T-N-11、T-N-13、T-N-14、T-P-04、T-P-05、T-P-07、T-Q-12、T-X-10
	石家庄市（S）	3	S-C-12、S-Q-07、S-X-10
高坚固 - 高冗余 - 低调配 - 高速度（HB-HD-LS-HP）	北京市（B）	0	—
	天津市(T)	3	T-D-06、T-N-18、T-X-02
	石家庄市（S）	1	S-X-05
低坚固 - 高冗余 - 高调配 - 高速度（LB-HD-HS-HP）	北京市（B）	21	B-C-04、B-C-05、B-C-24、B-C-25、B-C-29、B-C-37、B-C-40、B-H-01、B-H-03、B-H-07、B-H-08、B-H-13、B-H-15、B-H-18、B-H-19、B-H-20、B-H-32、B-H-38、B-H-46、B-H-51、B-H-66
	天津市(T)	11	T-BC-07、T-BC-09、T-BC-11、T-BC-12、T-BC-14、T-BC-15、T-BC-22、T-DL-01、T-Q-05、T-X-20、T-XQ-14

韧性类型	典型城市	单元数量	韧性单元
低坚固 - 高冗余 - 高调配 - 高速度（LB-HD-HS-HP）	石家庄市（S）	2	S-Y-08、S-Y-09
高坚固 - 低冗余 - 高调配 - 高速度（HB-LD-HS-HP）	北京市（B）	14	B-C-41、B-C-46、B-C-63、B-C-72、B-C-73、B-D-15、B-DX-08、B-DX-10、B-F-47、B-H-06、B-H-14、B-H-24、B-H-56、B-S-01
	天津市（T）	0	—
	石家庄市（S）	9	S-C-03、S-C-06、S-C-08、S-C-15、S-Q-02、S-Q-04、S-Q-18、S-Q-22、S-Y-01

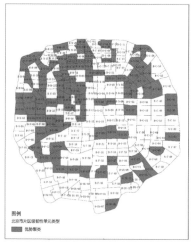

（a）北京市

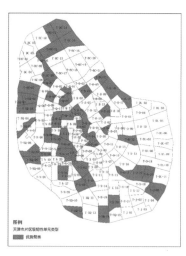

（b）天津市

（c）石家庄市

图6-14 京津冀典型城市优势聚类韧性单元分布

（2）优劣结合聚类

优劣结合聚类指韧性的 4 项属性之中有 2 种属性数值较高，另外 2 种属性数值较低的聚类，表明该类单元在某些方面表现出较高韧性水平，在其他方面表现出较低韧性水平，能够以更多途径抵抗暴雨扰动或从暴雨内涝灾害中恢复。经统计，北京市、天津市、石家庄市分别有 33.33%、26.22% 和 38.03% 的片区级韧性单元属于优劣结合聚类，按所占比例从大到小排序分别为石家庄市、北京市、天津市。京津冀典型城市优劣结合聚类韧性单元列表如表 6-9 所示。

北京市优劣结合聚类韧性单元分布广泛，在中心城区典型区域内各区均有分布，其中城区南部丰台区的分布整体多于北部，南三环沿线形成优劣结合聚类韧性单元的线性集聚，其次为西五环东部集中连片单元分布 [图 6-15（a）]。

天津市优劣结合聚类韧性单元占比相对较少，且分布较为分散，东丽区外环东路西部有部分线性聚集，其余优劣结合聚类分布零散，在中心城区典型区域内呈点状，未形成同种韧性聚类大面积的集中分布 [图 6-15（b）]。

石家庄市优劣结合聚类韧性单元在中心城区典型区域内分布较广泛，所占整体区域面积比例较大，整体呈现西部多于东部的空间分布特征。中心城区典型区域西北部沿和平西路、胜利大街分别形成横、纵两个方向的线性聚集带，东部则沿建华北大街形成部分优劣结合聚类韧性单元 [图 6-15（c）]。

表 6-9　京津冀典型城市优劣结合聚类韧性单元列表

韧性类型	典型城市	单元数量	韧性单元
高坚固 - 高冗余 - 低调配 - 低速度（HB-HD-LS-LP）	北京市（B）	44	B-C-08、B-C-20、B-C-39、B-C-43、B-C-48、B-C-49、B-C-51、B-C-53、B-C-55、B-C-57、B-D-08、B-D-09、B-D-10、B-D-11、B-D-12、B-D-14、B-D-16、B-F-04、B-F-11、B-F-12、B-F-13、B-F-15、B-F-20、B-F-21、B-F-23、B-F-24、B-F-26、B-F-32、B-F-33、B-F-34、B-F-35、B-F-36、B-F-38、B-H-23、B-H-47、B-H-48、B-H-63、B-X-07、B-X-11、B-X-12、B-X-15、B-X-16、B-X-17、B-X-19
	天津市（T）	15	T-B-12、T-B-13、T-D-01、T-D-13、T-N-03、T-N-05、T-N-06、T-N-21、T-N-25、T-P-02、T-P-03、T-P-06、T-P-08、T-Q-16、T-X-03
	石家庄市（S）	11	S-C-10、S-C-17、S-Q-01、S-Q-06、S-Q-09、S-X-01、S-X-06、S-X-09、S-X-11、S-X-14、S-Y-07

韧性类型	典型城市	单元数量	韧性单元
低坚固 - 高冗余 - 高调配 - 低速度 (LB-HD-HS-LP)	北京市（B）	0	—
	天津市（T）	6	T-B-09、T-BC-03、T-BC-04、T-BC-20、T-DL-11、T-N-20
	石家庄市（S）	1	S-C-01
低坚固 - 高冗余 - 低调配 - 高速度 (LB-HD-LS-HP)	北京市（B）	0	—
	天津市（T）	0	—
	石家庄市（S）	4	S-C-09、S-C-11、S-X-02、S-Y-06
高坚固 - 低冗余 - 低调配 - 高速度 (HB-LD-LS-HP)	北京市（B）	12	B-C-62、B-D-05、B-DX-03、B-DX-07、B-DX-11、B-DX-12、B-DX-13、B-F-03、B-F-39、B-F-40、B-F-41、B-H-25
	天津市（T）	10	T-B-01、T-B-07、T-D-02、T-D-07、T-N-08、T-Q-11、T-X-07、T-X-12、T-X-14、T-X-15
	石家庄市（S）	6	S-Q-14、S-Q-15、S-Q-16、S-X-08、S-X-16、S-Y-02
高坚固 - 低冗余 - 高调配 - 低速度 (HB-LD-HS-LP)	北京市（B）	12	B-C-59、B-C-60、B-C-64、B-F-05、B-F-06、B-F-17、B-F-18、B-F-19、B-F-48、B-F-49、B-F-50、B-X-01
	天津市（T）	0	—
	石家庄市（S）	1	S-X-17
低坚固 - 低冗余 - 高调配 - 高速度 (LB-LD-HS-HP)	北京市（B）	16	B-C-01、B-C-10、B-C-11、B-C-16、B-C-31、B-C-42、B-H-02、B-H-04、B-H-05、B-H-12、B-H-21、B-H-27、B-H-29、B-H-31、B-H-39、B-H-49
	天津市（T）	12	T-BC-02、T-DL-02、T-DL-03、T-DL-04、T-DL-06、T-DL-07、T-DL-08、T-DL-09、T-J-03、T-X-18、T-XQ-04、T-XQ-13
	石家庄市（S）	4	S-C-16、S-C-20、S-Q-20、S-X-15

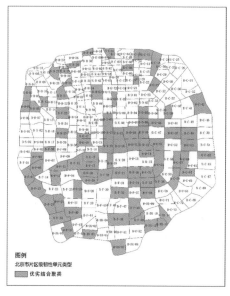

（a）北京市

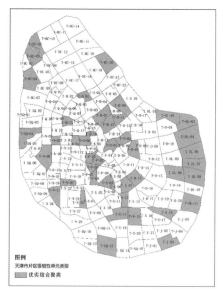

（b）天津市

图 6-15　京津冀典型城市优劣结合聚类韧性单元分布

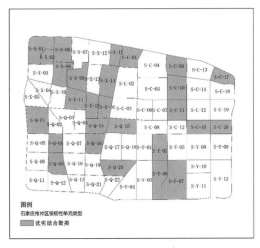

图例
石家庄市片区级韧性单元类型
优劣结合聚类

（c）石家庄市

续图 6-15

（3）劣势聚类

劣势聚类指韧性的 4 项属性之中有 3 种或 4 种属性数值较低的聚类，表明该类单元在较少方面表现出高韧性水平，无法以多种途径抵抗暴雨扰动，从暴雨内涝灾害中恢复的能力相对较差。经统计，北京市、天津市、石家庄市分别有 26.19%、42.68%、38.03% 的片区级韧性单元属于劣势聚类，按所占比例从大到小排序分别为天津市、石家庄市、北京市，这反映出天津市、石家庄市在多个方面表现出低韧性水平。京津冀典型城市劣势聚类韧性单元列表如表 6-10 所示。

北京市劣势聚类韧性单元呈现边缘化的空间分布特征，主要分布在四环路、五环路外围区域，在中心城区典型区域南端的大兴区、丰台区有较为集中的劣势聚类分布，北部京藏高速沿线有部分劣势聚类呈线性分布 [图 6-16（a）]。

天津市劣势聚类韧性单元分布广泛且面积占比高，中心城区典型区域内北辰区、东丽区、西青区均有大范围劣势聚类韧性单元分布，同样呈现出城区边缘单元分布多于城区中心单元的特征 [图 6-16（b）]。

石家庄市劣势聚类韧性单元集中分布在中心城区典型区域内体育大街以西部分，西北部的和平西路以北、西南部的裕华西路以南为集中分布区域。中山路、裕华路之间，以及体育大街以东部分不存在劣势聚类单元，反映出这些区域在更多方面表现出高韧性水平 [图 6-16（c）]。

表 6-10　京津冀典型城市劣势聚类韧性单元列表

韧性类型	典型城市	单元数量	韧性单元
低坚固 - 高冗余 - 低调配 - 低速度 （LB-HD-LS-LP）	北京市（B）	13	B-C-07、B-C-15、B-C-21、B-C-34、B-C-45、B-F-01、B-H-10、 B-H-35、B-H-54、B-H-60、B-H-70、B-S-05、B-X-09
	天津市（T）	10	T-B-05、T-B-17、T-D-03、T-D-09、T-D-10、T-DL-10、T-X-19、 T-XQ-06、T-XQ-09、T-XQ-10
	石家庄市 （S）	15	S-C-04、S-C-13、S-C-14、S-C-18、S-C-19、S-Q-10、S-Q-11、 S-Q-12、S-Q-21、S-X-12、S-Y-03、S-Y-04、S-Y-10、S-Y-11、 S-Y-12
高坚固 - 低冗余 - 低调配 - 低速度 （HB-LD-LS-LP）	北京市（B）	27	B-C-52、B-C-54、B-C-58、B-C-61、B-C-66、B-C-67、B-C-68、 B-C-69、B-C-71、B-DX-01、B-DX-04、B-DX-05、B-DX-06、 B-DX-09、B-F-02、B-F-28、B-F-30、B-F-31、B-F-42、B-F-43、 B-F-44、B-F-46、B-F-51、B-F-52、B-X-02、B-X-14、B-X-18
	天津市（T）	9	T-B-14、T-B-16、T-BC-17、T-D-05、T-D-14、T-D-15、T-N-01、 T-N-15、T-N-19
	石家庄市 （S）	0	—
低坚固 - 低冗余 - 低调配 - 高速度 （LB-LD-LS-HP）	北京市（B）	7	B-C-02、B-C-28、B-C-35、B-H-09、B-H-22、B-H-28、B-H-50
	天津市（T）	27	T-B-02、T-B-03、T-BC-05、T-BC-08、T-BC-10、T-BC-13、 T-BC-16、T-BC-18、T-BC-19、T-BC-21、T-D-04、T-D-16、 T-D-18、T-DL-05、T-J-01、T-J-02、T-N-02、T-N-10、T-N-26、 T-N-27、T-N-28、T-Q-02、T-Q-04、T-X-01、T-X-13、T-X-21、 T-XQ-11
	石家庄市 （S）	0	—
低坚固 - 低冗余 - 高调配 - 低速度 （LB-LD-HS-LP）	北京市（B）	0	—
	天津市（T）	0	—
	石家庄市 （S）	7	S-C-07、S-Q-13、S-Q-19、S-X-03、S-X-07、S-X-13、S-Y-05
低坚固 - 低冗余 - 低调配 - 低速度 （LB-LD-LS-LP）	北京市（B）	19	B-C-03、B-C-06、B-C-13、B-C-17、B-C-19、B-C-22、B-C-26、 B-C-44、B-C-56、B-D-02、B-D-03、B-D-04、B-DX-02、 B-H-37、B-H-57、B-H-73、B-S-03、B-X-03、B-X-04
	天津市（T）	24	T-B-08、T-BC-01、T-D-08、T-D-11、T-J-04、T-N-12、T-N-17、 T-N-22、T-N-23、T-P-01、T-P-09、T-Q-06、T-Q-08、T-Q-09、 T-Q-10、T-Q-13、T-X-04、T-X-05、T-X-06、T-X-08、T-X-11、 T-X-16、T-X-17、T-XQ-15
	石家庄市 （S）	5	S-C-02、S-C-05、S-Q-05、S-Q-08、S-Q-17

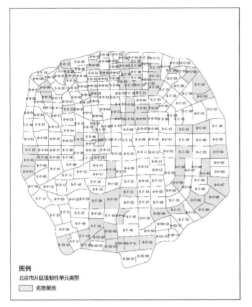

（a）北京市

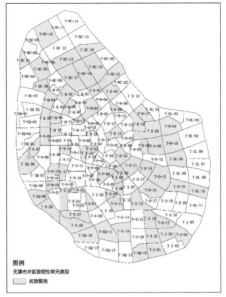

（b）天津市

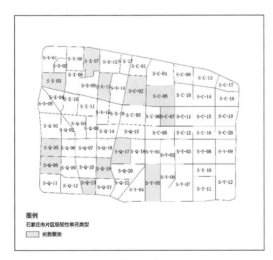

（c）石家庄市

图6-16　京津冀典型城市劣势聚类韧性单元分布

6.2 应对暴雨内涝的建成环境韧性等级区划研究

6.2.1 应对暴雨内涝的韧性评价体系构建

1. 基于 SPSS 的韧性评价指标分析

指标体系的主要构成包括因子及因子所对应的权重，前文通过文献和经验总结完成了应对暴雨内涝的建成环境韧性因子库构建，但尚未对各因子的重要程度作出判断和界定，本节将对其进行分析与赋值。综合考虑研究规模、数据可获取性等因素，本节选取中观尺度的片区级韧性单元作为研究对象，因子分析及评价体系构建均基于韧性评价因子库进行。

统计学领域应用广泛的因子综合评价方法多样，常见的评价因子体系构建方法包括 AHP 层次分析法、主成分分析法、因子分析法等，各类方法因数据类型和分析内容差异而具有不同的适用性。因子分析法在科学研究中应用广泛，其最初由英国学者 C. E. 斯皮尔曼提出，其原理是从众多因子中提取共性与相关关系，运用降维的思想完成变量之间潜在关系的梳理。因子分析法最主要的优势在于，因子权重是通过分析数据之间的内在数学结构关系得到的，受主观人为因素干扰较小，得到的因子指标权重相对具有客观性，有助于客观描述各因子变量与整体样本得分之间的联系，适用于应对暴雨内涝的建成环境韧性因子分析，因此采用因子分析法进行研究。

（1）数据获取及预处理

为保证研究的一致性、连续性与系统性，要让用于等级区划研究的韧性评价因子与聚类指标选取项保持一致。我们将 20 项可量化的韧性评价因子用于指标体系构建、韧性单元评价及最终韧性类型的划分。由前文分析可知，应对暴雨内涝的中观韧性单元尺度在 1 ~ 3 km² 范围内，每个典型城市中心城区范围可划分为 100 ~ 300 个中观单元，中观单元数量较为充足且能够覆盖中心城区全域，因此将其作为韧性等级区划研究的主要层级。

首先对北京市五环内 252 个中观韧性单元、天津市外环线以内 164 个中观韧性单元、石家庄市二环内 71 个中观韧性单元的相关数据进行获取及预处理，应对暴雨内涝的城市建成环境韧性评价因子及数据来源如表 6-11 所示。

表 6-11　应对暴雨内涝的城市建成环境韧性评价因子及数据来源

目标层	一级指标层	二级指标层	数据类型	数据来源
坚固性（B）	地形地质	地面高程（B1）	ASTER GDEM 30 m 分辨率数据	地理空间数据云
		雨水坡降（B2）	ASTER GDEM 30 m 分辨率数据	地理空间数据云
	基础设施	雨水管网密度（B3）	雨水管线矢量数据	中心城区雨水系统规划
		雨水管道管径（B4）	雨水管道管径数据	中心城区雨水系统规划
		雨水调蓄设施密度（B5）	雨水调蓄设施矢量数据	中心城区雨水系统规划
		地下轨道交通密度（B6）	地下轨道交通矢量数据	OSM
冗余性（D）	开放空间	绿地率（D1）	Landsat8 OLI_TIRS 卫星数据	地理空间数据云
		下垫面不透水率（D2）	Landsat8 OLI_TIRS 卫星数据、10 m 分辨率全球土地覆盖数据	地理空间数据云、Esri 全球土地覆盖地图
		水面率（D3）	10 m 分辨率全球土地覆盖数据	Esri 全球土地覆盖地图
		地表水体连通度（D4）	地表水体矢量数据	OSM
	基础设施	雨水管网连接度（D5）	雨水管线矢量数据	中心城区雨水系统规划
	建筑	建筑密度（D6）	建筑矢量数据	OSM
资源可调配性（S）	基础设施	应急避难空间密度（S1）	公园、广场矢量数据	OSM
		区域道路密度（S2）	道路矢量数据	OSM
		区域医疗设施密度（S3）	医院矢量数据	高德 POI 开放平台
		区域消防站密度（S4）	消防站矢量数据	高德 POI 开放平台
快速性（P）	基础设施	道路通达度（P1）	道路矢量数据	OSM
		医疗设施距离（P2）	医院矢量数据	高德 POI 开放平台
		消防站距离（P3）	消防站矢量数据	高德 POI 开放平台
		应急避难空间距离（P4）	公园、广场矢量数据	高德 POI 开放平台

对获取的天津市韧性因子数据进行预分析，得到的成分转换矩阵结果显示，因子中存在方差为负数且绝对值较大的数据（表6-12）。该分析结果表明，应对暴雨内涝的建成环境韧性因子中存在负向因子，应首先对数值越大韧性水平越低的因子进行正向化，保证因子分析过程中的一致性和有效性。通过文献总结、矩阵分析结果及经验判断，确定地下轨道交通密度、下垫面不透水率、建筑密度、医疗设施距离、消防站距离、应急避难空间距离这6项因子为负向数据，其余14项因子为正向数据。使用 SPSS 软件中的计算变量工具对负向数据进行转换，并对所有因子进行 Z-score

标准化，即将所有因子的数值转化为 0 ~ 1 范围内，消除由因子量纲和量级不同所产生的误差。

表 6-12　预分析成分转换矩阵结果

成分	1	2	3	4	5	6	7
1	0.736	0.643	0.076	− 0.021	0.065	0.129	0.136
2	0.303	− 0.252	− 0.772	0.383	0.292	0.031	− 0.125
3	− 0.360	0.493	− 0.114	0.672	− 0.402	0.022	− 0.039
4	0.128	− 0.144	0.528	0.547	0.452	− 0.424	− 0.034
5	0.419	− 0.346	0.009	0.074	− 0.713	− 0.420	0.118
6	0.048	− 0.319	0.169	0.284	− 0.038	0.608	0.644
7	0.208	− 0.194	0.278	0.131	− 0.186	0.506	− 0.731
提取方法：主成分分析法							

（2）因子效度检验

在因子分析之前首先应对因子进行效度检验，以此保证分析的科学有效性。本研究采用 KMO 与 Bartlett 球形度检验相结合的方法进行数据验证。其中 KMO 值反映的是各因子之间的关联性，适用于因子数量较多时的统计分析，KMO 数值的取值区间为 [0，1]，数值越接近 1，表示因子之间的相关性越强，一般认为数值在 0.5 以上时该组数据就适用于因子分析法；Bartlett 球形度检验同样是对因子之间相关性的校核，一般认为其系数 Sig. 小于 0.05 时因子分析法有效。

运用 SPSS 软件进行应对暴雨内涝的建成环境韧性因子数值检验，得到因子有效性的检验结果。由 KMO 和 Bartlett 检验结果（表 6-13）可知，应对暴雨内涝的 20 项因子数据 KMO 精度值为 0.670，大于 0.5，Bartlett 球形度检验 Sig. 值为 0.000，小于 0.05，均满足因子分析法的数据精度要求，表明因子分析法适用于本研究的数据分析。

表 6-13　KMO 和 Bartlett 检验结果

KMO 取样适切性量数		0.670
Bartlett 球形度检验	近似卡方	1721.562
	自由度 df	190
	显著性 Sig.	0.000

（3）因子分析

公因子方差表示主成分分析所生成的公因子对每个原始因子的替代程度，其表达程度通过"提取"值表达，一般认为其值在 0.5 以上就表示因子能够被较好表达。在 SPSS 软件中执行分析→降维分析→因子分析操作，在提取方法设置中选择公因子提取方法为主成分分析法，并将其定义为基于因子特征值进行提取，最终得到应对暴雨内涝的建成环境韧性因子公因子方差值（表 6-14）。

由表 6-14 可见研究所提出的韧性因子公因子方差的数值绝大多数在 0.5 以上，其中下垫面不透水率因子表达程度最高，达到了 0.894，地下轨道交通密度及应急避难空间密度两个因子的表达程度相对较低。

表 6-14　韧性因子公因子方差值

因子	初始	提取
地面高程	1.000	0.746
雨水坡降	1.000	0.625
雨水管网密度	1.000	0.640
雨水管道管径	1.000	0.723
雨水调蓄设施密度	1.000	0.778
地下轨道交通密度	1.000	0.405
下垫面不透水率	1.000	0.894
地表水体连通度	1.000	0.532
雨水管网连接度	1.000	0.629
建筑密度	1.000	0.632
应急避难空间密度	1.000	0.427
区域道路密度	1.000	0.577
区域医疗设施密度	1.000	0.556
区域消防站密度	1.000	0.776
医疗设施距离	1.000	0.731
消防站距离	1.000	0.644
应急避难空间距离	1.000	0.656
绿地率	1.000	0.823
水面率	1.000	0.634
道路通达度	1.000	0.782

提取方法：主成分分析法

运用 SPSS 因子分析工具对相关性矩阵进行分析，获得韧性因子总方差解释及碎石图（表6-15、图6-17）。其中总方差解释反映主成分因子对原始各因子的解释率，即它可以反映在多大程度上能够代表各原始韧性因子。矩阵分析共提取出 7 项公因子，累积特征值（解释率）为 66.051%，表示这 7 项因子对原始的 20 项韧性因子的表达程度为 66.051%。

碎石图是对各因子表达程度的直观化表示，其斜率越大表示因子的表达程度越高，图中前 7 项因子对应斜率较高，从第 8 项因子之后折线开始变平缓，与总方差解释中所得到的结果一致，即可以通过 7 项公因子数值计算因子权重。本研究的目的在于获取 20 项因子的权重，因此不采用 7 项主成分因子对原因子进行替代，但可以通过初始特征值解释率结合公因子方差计算原始因子权重。

表 6-15　韧性因子总方差解释

成分	初始特征值			提取荷载平方和			旋转荷载平方和		
	总计	方差百分比/（%）	累积特征值/（%）	总计	方差百分比/（%）	累积特征值/（%）	总计	方差百分比/（%）	累积特征值/（%）
1	4.881	24.403	24.403	4.881	24.403	24.403	3.331	16.654	16.654
2	2.183	10.916	35.319	2.183	10.916	35.319	2.872	14.360	31.013
3	1.659	8.295	43.614	1.659	8.295	43.614	1.808	9.042	40.055
4	1.252	6.262	49.876	1.252	6.262	49.876	1.553	7.764	47.819
5	1.184	5.918	55.794	1.184	5.918	55.794	1.369	6.844	54.663
6	1.050	5.252	61.046	1.050	5.252	61.046	1.162	5.812	60.475
7	1.001	5.005	66.051	1.001	5.005	66.051	1.115	5.576	66.051

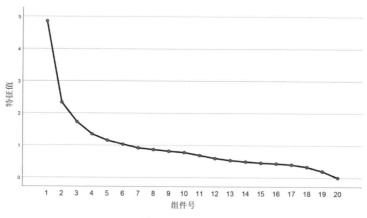

图 6-17　碎石图

2. 韧性评价指标体系权重计算

（1）主成分线性组合系数

计算指标权重的第一步是获取各韧性因子在主成分线性组合中所对应的系数值，该数值可根据主成分特征及旋转后的成分矩阵（表6-16）计算得到，其计算公式如下：

$$X=A/Z^{1/2} \tag{6-8}$$

式中：X——各韧性因子在主成分线性组合中的系数；

A——各韧性因子相对主成分的载荷数；

Z——各主成分的特征值。

使用该公式计算出20项因子相对7项主成分的系数，以第一主成分F_1线性组合为例，地面高程因子所对应的系数X_1=0.752/（4.881）$^{1/2}$≈0.341，相应可得到其他各项因子相对第一主成分的系数，主成分系数计算结果如表6-17所示，从而得到其线性组合方程，同理可得到所有主成分的线性组合方程如下：

$$F_1=0.341X_1+0.323X_2+0.312X_3+\cdots-0.025X_{18}+0.024X_{19}+0.054X_{20}$$

$$F_2=0.277X_1+0.136X_2+0.105X_3+\cdots-0.125X_{18}+0.055X_{19}+0.042X_{20}$$

$$F_3=-0.001X_1-0.051X_2+0.047X_3+\cdots-0.006X_{18}-0.041X_{19}+0.051X_{20}$$

$$F_4=0.057X_1+0.059X_2-0.205X_3+\cdots+0.240X_{18}+0.018X_{19}+0.067X_{20} \tag{6-9}$$

$$F_5=0.055X_1-0.069X_2+0.124X_3+\cdots+0.463X_{18}-0.060X_{19}-0.003X_{20}$$

$$F_6=-0.070X_1-0.242X_2+0.276X_3+\cdots+0.026X_{18}+0.853X_{19}+0.020X_{20}$$

$$F_7=-0.010X_1+0.042X_2+0.029X_3+\cdots-0.410X_{18}+0.006X_{19}+0.864X_{20}$$

表6-16　旋转后的成分矩阵

因子	成分						
	1	2	3	4	5	6	7
地面高程	0.752	− 0.409	− 0.002	− 0.064	0.060	− 0.072	− 0.010
雨水坡降	0.713	− 0.201	− 0.065	− 0.066	− 0.075	− 0.248	0.042
应急避难空间距离	0.690	− 0.155	0.061	0.230	0.134	0.283	0.029
区域道路密度	0.639	− 0.123	− 0.126	0.023	0.289	0.181	0.143
应急避难空间密度	0.619	0.080	0.074	0.044	0.021	0.011	0.170
地下轨道交通密度	− 0.501	0.178	0.030	0.176	0.232	− 0.096	0.166
下垫面不透水率	− 0.332	0.834	− 0.111	0.016	− 0.087	− 0.238	− 0.107
建筑密度	− 0.296	0.717	− 0.043	− 0.043	− 0.047	0.140	− 0.071
绿地率	− 0.439	0.712	− 0.097	− 0.002	− 0.174	− 0.265	− 0.118
水面率	0.262	0.694	− 0.084	0.061	0.269	0.001	− 0.001
区域医疗设施密度	0.488	− 0.545	− 0.014	− 0.002	− 0.112	− 0.009	− 0.088

（续表）

因子	成分						
	1	2	3	4	5	6	7
雨水管道管径	−0.066	0.053	0.801	0.014	−0.184	−0.127	−0.156
雨水管网连接度	0.029	−0.088	0.748	0.180	−0.066	0.149	0.045
雨水管网密度	0.014	−0.182	0.719	0.032	0.161	−0.093	0.233
医疗设施距离	0.068	0.014	0.091	0.843	−0.023	−0.076	−0.037
消防站距离	−0.066	0.020	0.092	0.792	0.011	0.063	0.006
雨水调蓄设施密度	0.079	−0.041	−0.077	0.061	0.869	−0.067	0.021
地表水体连通度	−0.056	0.184	−0.008	−0.268	0.504	0.027	−0.410
道路通达度	0.052	−0.081	−0.053	−0.020	−0.065	0.875	0.006
区域消防站密度	0.119	−0.063	0.066	−0.075	−0.025	0.021	0.864
提取方法：主成分分析法							

表6-17　主成分系数计算结果

因子	F_1主成分系数	F_2主成分系数	F_3主成分系数	F_4主成分系数	F_5主成分系数	F_6主成分系数	F_7主成分系数
地面高程	0.341	0.277	−0.001	0.057	0.055	−0.070	−0.010
雨水坡降	0.323	0.136	−0.051	0.059	−0.069	−0.242	0.042
应急避难空间距离	0.312	0.105	0.047	−0.205	0.124	0.276	0.029
区域道路密度	0.289	0.083	−0.097	−0.020	0.266	0.177	0.143
应急避难空间密度	0.280	−0.054	0.057	−0.039	0.020	0.011	0.170
地下轨道交通密度	0.227	0.121	−0.023	0.157	−0.214	0.094	−0.166
下垫面不透水率	0.150	0.565	0.086	0.014	0.080	0.232	0.107
建筑密度	0.134	0.485	0.033	−0.038	0.043	−0.137	0.071
绿地率	0.199	0.482	0.075	−0.002	0.159	0.259	0.118
水面率	−0.119	0.470	0.065	0.054	−0.247	−0.001	0.001
区域医疗设施密度	0.221	0.369	−0.011	0.002	−0.103	−0.009	−0.088
雨水管道管径	−0.030	−0.036	0.622	−0.012	−0.169	−0.124	−0.156
雨水管网连接度	0.013	0.060	0.581	−0.161	−0.060	0.145	0.045
雨水管网密度	0.006	0.123	0.558	−0.029	0.148	−0.091	0.233
医疗设施距离	−0.031	0.009	−0.071	0.753	0.021	0.074	0.037
消防站距离	0.030	0.013	−0.071	0.708	−0.010	−0.061	−0.006
雨水调蓄设施密度	0.036	0.028	−0.060	−0.055	0.799	−0.065	0.021
地表水体连通度	−0.025	−0.125	−0.006	0.240	0.463	0.026	−0.410
道路通达度	0.024	0.055	−0.041	0.018	−0.060	0.853	0.006
区域消防站密度	0.054	0.042	0.051	0.067	−0.023	0.020	0.864

（2）主成分方差贡献率

韧性因子总方差解释表中初始特征值的方差百分比表示7项主成分的方差占比，其值越大表明该主成分重要程度越高，据此可以计算出各主成分的权重。以第一主成分为例，用其方差百分比24.403%除以累积特征值66.051%，得到主成分F_1的权重为0.369，同理可计算其余F_2~F_7主成分的权重分别为0.165、0.126、0.095、0.090、0.080、0.076。

原始的20项韧性因子的权重反映为每个因子在7个不同主成分中的方差贡献率，方差贡献率越大表明该因子对整体评价体系的影响程度越大，以各因子对应系数与主成分权重相乘得到，计算公式如下：

$$W=0.369X_1+0.165X_2+0.126X_3+0.095X_4+0.090X_5+0.080X_6+0.076X_7 \qquad (6\text{-}10)$$

式中：W——各因子权重；

X_1，X_2，X_3，X_4，X_5，X_6，X_7——各因子对应主成分系数，即表6-17中相应数值。

通过计算得到各因子相对主成分的方差贡献率结果（表6-18），即应对暴雨内涝的各项韧性因子权重。

表6-18　各因子相对主成分的方差贡献率计算结果

因子	方差贡献率
绿地率	20.61%
下垫面不透水率	19.47%
地面高程	17.54%
区域道路密度	15.52%
应急避难空间距离	15.45%
建筑密度	12.85%
区域医疗设施密度	12.49%
雨水坡降	11.88%
雨水管网密度	11.37%
应急避难空间密度	11.37%
区域消防站密度	10.47%
地下轨道交通密度	9.14%
雨水管网连接度	8.19%
道路通达度	7.73%
雨水调蓄设施密度	7.31%
消防站距离	6.51%
医疗设施距离	6.33%
水面率	2.50%
雨水管道管径	2.30%
地表水体连通度	0.46%

（3）指标权重归一化

在因子主成分方差贡献率计算结果的基础上进行指标权重的归一化，即通过计算使所有指标权重之和为1。以各因子贡献率数值除以所有因子贡献率之和，并将计算结果按因子权重从大到小排序，各因子权重归一化计算结果如表6-19所示。

表6-19　各因子权重归一化计算结果

因子	权重
绿地率	0.0984
下垫面不透水率	0.0929
地面高程	0.0837
区域道路密度	0.0741
应急避难空间距离	0.0738
建筑密度	0.0614
区域医疗设施密度	0.0596
雨水坡降	0.0567
雨水管网密度	0.0543
应急避难空间密度	0.0543
区域消防站密度	0.0500
地下轨道交通密度	0.0436
雨水管网连接度	0.0391
道路通达度	0.0369
雨水调蓄设施密度	0.0349
消防站距离	0.0311
医疗设施距离	0.0302
水面率	0.0119
雨水管道管径	0.0110
地表水体连通度	0.0022

3. 韧性评价指标体系构建

通过因子分析法得到应对暴雨内涝的韧性因子权重，在此基础上形成应对暴雨内涝的建成环境韧性评价指标体系（表6-20）。指标体系目标层包括坚固性、冗余性、资源可调配性和快速性，对应权重分别为0.2842、0.3059、0.2380、0.1720，指标层即为因子库中可量化、可获取的因子，共20项。根据因子权重对其进行排序，权重最高的因子包括绿地率、地面高程、下垫面不透水率、区域道路密度等，反映其对暴雨内涝建成环境韧性水平的影响程度相对较高。

表 6-20　应对暴雨内涝的建成环境韧性评价指标体系

目标层	权重（约数）	指标层	单位	权重	排序
坚固性（B）	0.2842	地面高程（B1）	米（m）	0.0837	3
		雨水坡降（B2）	度（°）	0.0567	8
		雨水管网密度（B3）	千米/千米²（km/km²）	0.0543	9
		雨水管道管径（B4）	毫米（mm）	0.0110	19
		雨水调蓄设施密度（B5）	个/千米²（个/km²）	0.0349	15
		地下轨道交通密度（B6）	千米/千米²（km/km²）	0.0436	12
冗余性（D）	0.3059	绿地率（D1）	百分比（%）	0.0984	1
		下垫面不透水率（D2）	百分比（%）	0.0929	2
		水面率（D3）	百分比（%）	0.0119	18
		地表水体连通度（D4）	—	0.0022	20
		雨水管网连接度（D5）	—	0.0391	13
		建筑密度（D6）	百分比（%）	0.0614	6
资源可调配性（S）	0.2380	应急避难空间密度（S1）	个/千米²（个/km²）	0.0543	10
		区域道路密度（S2）	千米/千米²（km/km²）	0.0741	4
		区域医疗设施密度（S3）	个/千米²（个/km²）	0.0596	7
		区域消防站密度（S4）	个/千米²（个/km²）	0.0500	11
快速性（P）	0.1720	道路通达度（P1）	—	0.0369	14
		医疗设施距离（P2）	千米（km）	0.0302	17
		消防站距离（P3）	千米（km）	0.0311	16
		应急避难空间距离（P4）	千米（km）	0.0738	5

6.3.2　京津冀典型区域建成环境韧性等级区划

1. 韧性单元单因子等级区划

（1）坚固性指标

应对暴雨内涝的建成环境韧性评价指标体系的坚固性目标层共包括 6 项可量化指标，分别为地面高程（B1）、雨水坡降（B2）、雨水管网密度（B3）、雨水管道管径（B4）、雨水调蓄设施密度（B5）和地下轨道交通密度（B6）。

其中地面高程、雨水坡降指标已获得整体研究区域内栅格数据，在此基础上运用 ArcGIS 区域分析工具箱中的分区统计工具，以韧性单元为基本单位，对地面高程、雨水坡降栅格数据进行统计，统计类型为 MEAN，即对区域内数据取平均值 [图 6-18 (a)（b）]。雨水管网密度、雨水管道管径及雨水调蓄设施密度指标 [图 6-18（c）（d）(e)] 计算均使用 ArcGIS 中的相交、汇总和字段计算器工具，首先分别使各矢量数据与单元划分矢量图层相交，进而以单元编号为依据汇总各单元内的雨水管线长度、平均管径及雨水调蓄设施数量，最后利用字段计算器除以各单元面积，得到单元内各类设施的密度。地下轨道交通密度（B6）指标 [图 6-18（f）] 的计算，首先对轨道交通线矢量数据进行几何统计，进而与单元划分相交得到各单元内轨道交通线长度，最后除以单元面积，获得指标计算结果。

（2）冗余性指标

应对暴雨内涝的建成环境韧性评价指标体系的冗余性目标层同样包括 6 项可量化指标，分别为绿地率（D1）、下垫面不透水率（D2）、水面率（D3）、地表水体连通度（D4）、雨水管网连接度（D5）、建筑密度（D6）。

通过前文计算已获取天津市研究区域范围内的绿地、水面以及不透水面的矢量图层，将 3 个图层分别与中观单元划定图层相交，按单元编号统计各矢量图层面积后与单元总面积相除得到绿地率、下垫面不透水率及水面率指标计算结果 [图 6-19（a）（b）（c）]。地表水体连通度、雨水管网连接度指标 [图 6-19（d）（e）] 则运用前文 Depthmap 计算结果，将运算结果添加至矢量图层 ArcGIS 属性表，与单元划分相交后按编号汇总各单元内平均值。建筑密度 [图 6-19（f）] 指标的计算，首先通过几何计算工具得到区域建筑面积，以建筑矢量与单元划分矢量图层相交后按编号汇总各单元内建筑面积之和，并运用字段计算器除以区域总面积，得到建筑密度（D6）指标数据。

（3）资源可调配性指标

应对暴雨内涝的建成环境韧性评价指标体系的资源可调配性目标层包括 4 项可量化指标，分别为应急避难空间密度（S1）、区域道路密度（S2）、区域医疗设施密度（S3）、区域消防站密度（S4）。

资源可调配性目标层下的 4 项指标均与区域内物质空间要素的密度相关，其计算原理一致，均运用 ArcGIS 平台中的相交、汇总、几何计算和字段计算器工具。其中区域道路密度为线状矢量数据，应急避难空间密度、区域医疗设施密度和区域消防站密度为点状矢量数据，分别以不同数据与单元划分面状图层相交，按编号汇总各单元线状矢量数据长度及 3 类点状矢量数据个数，再分别除以单元面积，得到各要素的密度分布结果。资源可调配性指标计算结果如图 6-20 所示。

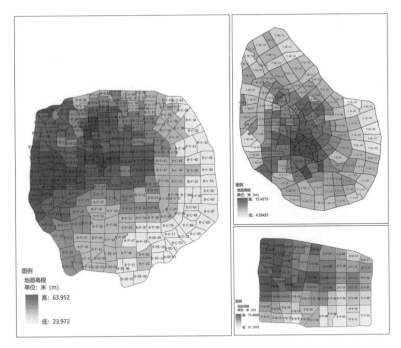

（a）地面高程（B1）指标

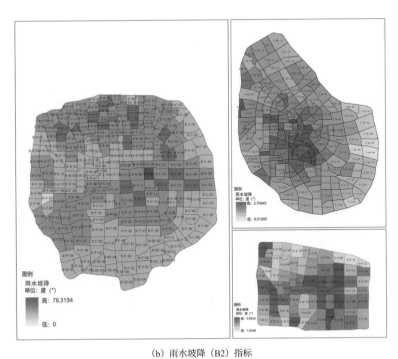

（b）雨水坡降（B2）指标

图 6-18　坚固性指标计算结果

（c）雨水管网密度（B3）指标

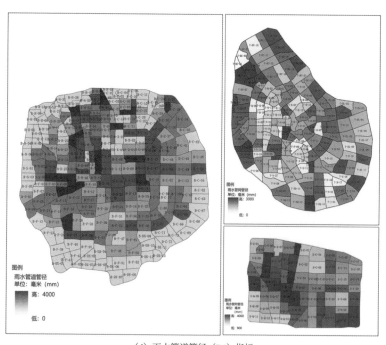

（d）雨水管道管径（B4）指标

续图 6-18

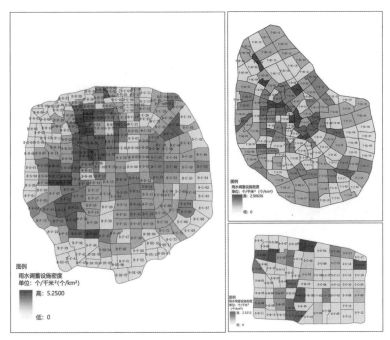

（e）雨水调蓄设施密度（B5）指标

（f）地下轨道交通密度（B6）指标

续图 6-18

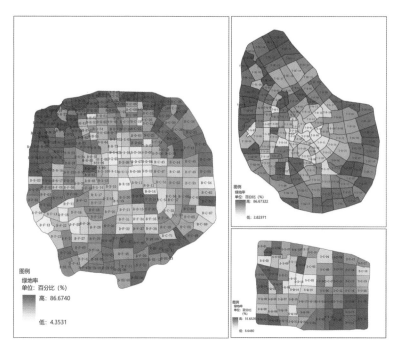

（a）绿地率（D1）指标

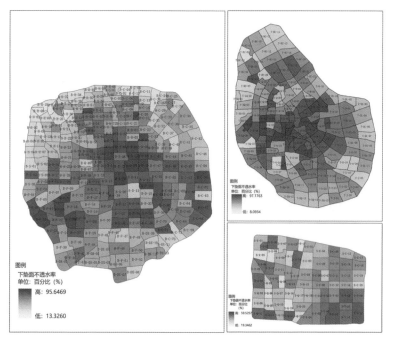

（b）下垫面不透水率（D2）指标

图6-19　冗余性指标计算结果

（c）水面率（D3）指标

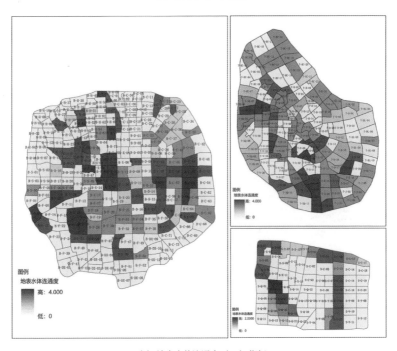

（d）地表水体连通度（D4）指标

续图6-19

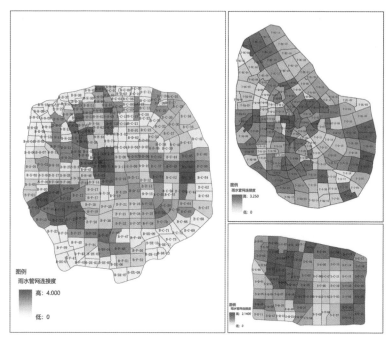

（e）雨水管网连接度（D5）指标

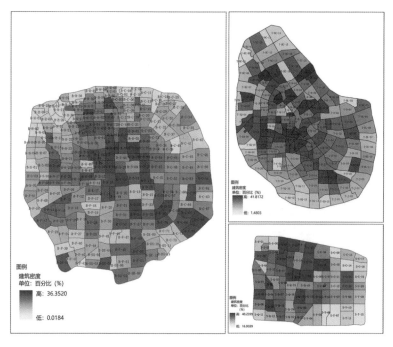

（f）建筑密度（D6）指标

续图6-19

（a）应急避难空间密度（S1）指标

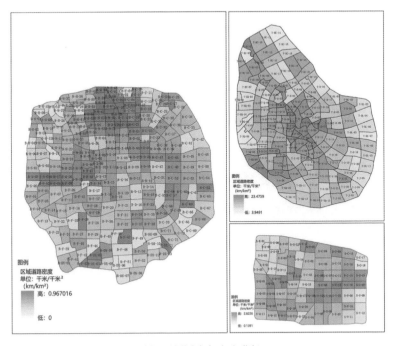

（b）区域道路密度（S2）指标

图6-20　资源可调配性指标计算结果

（c）区域医疗设施密度（S3）指标

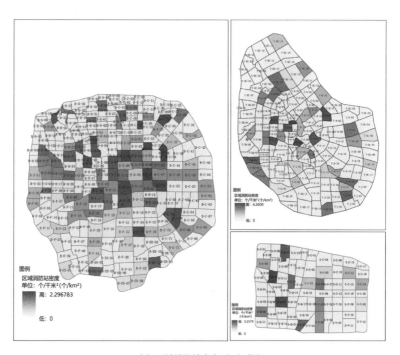

（d）区域消防站密度（S4）指标

续图 6-20

（4）快速性指标

应对暴雨内涝的建成环境韧性评价指标体系的快速性目标层下包括 4 项可量化指标，分别为道路通达度（P1）、医疗设施距离（P2）、消防站距离（P3）、应急避难空间距离（P4）。

道路通达度指标以 Depthmap 连通度计算结果为数据基础，将连通度数值添加至 ArcGIS 道路矢量图层属性表，进而统计各单元道路通达度的平均值 [图 6-21（a）]。医疗设施距离、消防站距离、应急避难空间距离则以多环缓冲区计算结果为基础，按中观韧性单元编号统计各单元缓冲距离的平均值，即为对应指标的计算结果 [图 6-21（b）（c）（d）]。

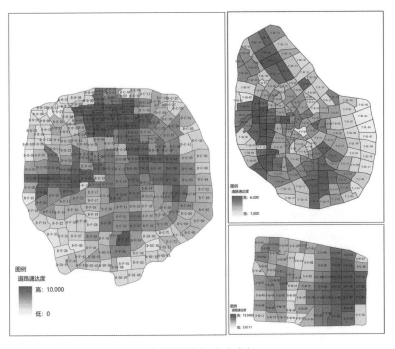

（a）道路通达度（P1）指标

图 6-21　快速性指标计算结果

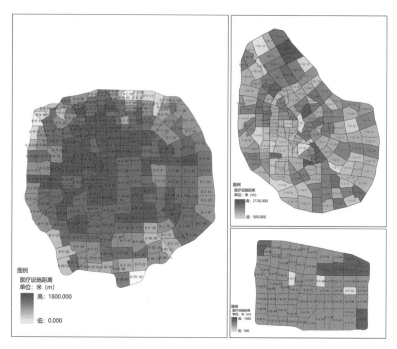

（b）医疗设施距离（P2）指标

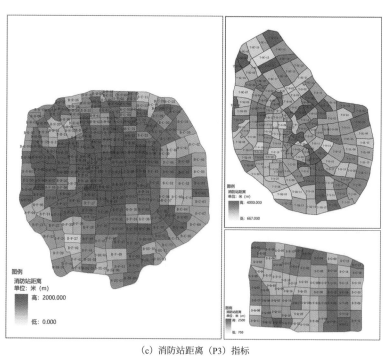

（c）消防站距离（P3）指标

续图 6-21

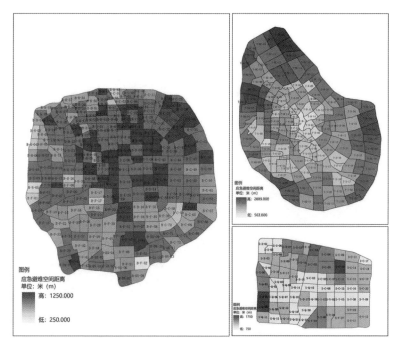

（d）应急避难空间距离（P4）指标

续图 6-21

2. 韧性单元综合等级区划

前文以韧性指标体系中的目标层为基础，分别就应对暴雨内涝的建成环境韧性因子进行了数据获取与单元数值计算，得到了不同指标数值的空间分布情况，但所得指标计算结果仅为客观数据的直接展示，尚未进行韧性水平高低的评价。韧性单元指标数据包含正向因子与负向因子，正向因子即数值越大整体评价结果越佳，负向因子即数值越小整体评价结果越佳，但指标之间的重要程度差异尚未体现，因此本节结合应对暴雨内涝的建成环境韧性评价指标体系中的因子权重对研究区域进行单元评价。

将经过正向化、标准化处理后的韧性因子数值与因子对应权重相乘，并对典型区域韧性单元各项得分进行求和运算，得到各韧性单元的最终评价得分。在 ArcGIS 平台中对全部韧性单元的得分进行可视化处理，并将其划分为 Ⅰ ～ Ⅸ 的 9 个韧性水平层级，分别对应 0.24 ～ 0.60 范围内不同取值范围等级，Ⅰ 级代表得分最低，Ⅸ

级代表得分最高，得分越高表示在评价体系标准下应对暴雨内涝的韧性水平越高，在图中单元所对应的颜色越深。韧性单元综合等级区划如图 6-22 所示。

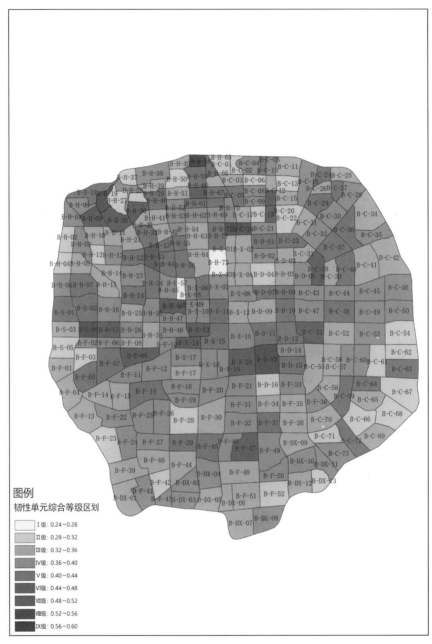

（a）北京市

图 6-22　典型区域应对暴雨内涝的韧性单元综合等级区划

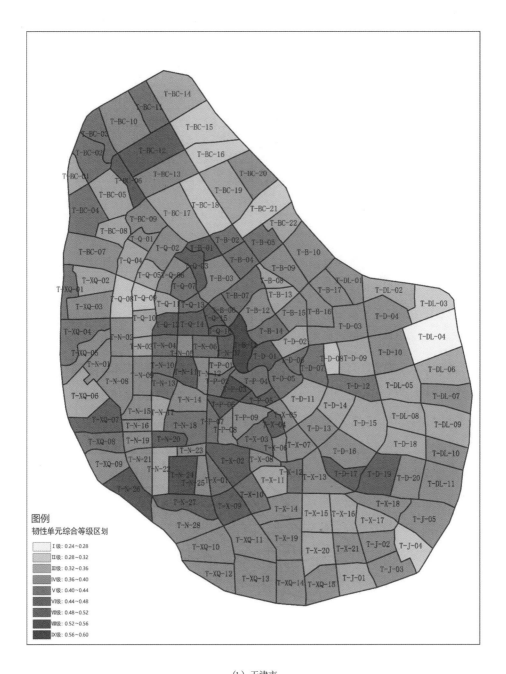

（b）天津市

续图6-22

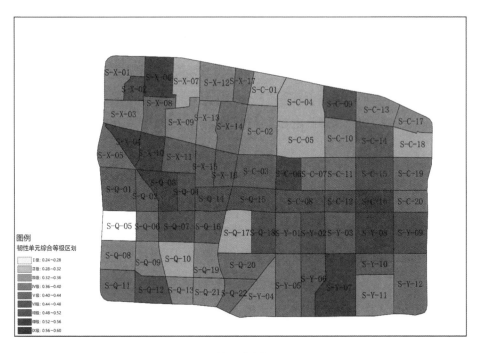

（c）石家庄市

续图 6-22

　　三座典型城市全部韧性单元得分的平均值由高到低排序依次为：石家庄市
（0.4338）、天津市（0.3889）、北京市（0.3748），由此可见石家庄市在物质空
间环境维度具有更高的应对暴雨内涝的整体韧性水平，天津市、北京市应对暴雨内
涝的整体韧性水平相对较低。从空间分布来看，北京市高韧性水平单元整体呈现北
部、中部多于南部的特征 [图 6-22（a）]；天津市高韧性水平单元较集中分布在中
心区域，中心城区西北段及东南段次之，城区中北部与中南部单元韧性水平较低 [图
6-22（b）]；石家庄市整体韧性水平均较高，尤其以南北向的中段韧性水平最高 [图
6-22（c）]。

　　由典型城市韧性单元得分箱形图（图 6-23）可见，北京市、天津市、石家庄市
典型区域韧性单元得分最高值分别为 0.5237、0.5314 和 0.5794，最低值分别为 0.2584、
0.2871 和 0.3222。由箱形图色块分布可见，石家庄市韧性单元得分值离散程度相对
更高，表明单元之间应对暴雨内涝的韧性水平波动较大。石家庄市韧性水平得分最
高值、最低值、平均值均位列第一，天津市次之，北京市各项得分最低。

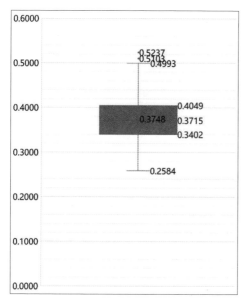

（a）北京市

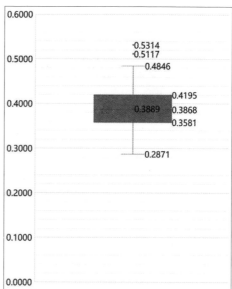

（b）天津市

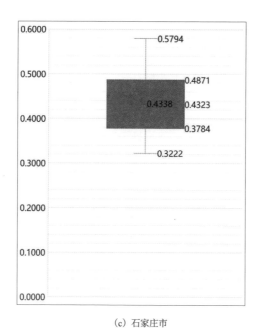

（c）石家庄市

图6-23　典型城市韧性单元得分箱形图

以行政区为单位统计应对暴雨内涝的韧性评价结果（表6-21），计算结果显示，北京市中心城区范围内行政区中应对暴雨内涝韧性水平较高的区包括西北部海淀区与中部东城、西城区；天津市中心城区范围内行政区中应对暴雨内涝韧性水平较高的区集中在城区中部，包括和平区、南开区、河北区、河西区；石家庄市中心城区范围内行政区中应对暴雨内涝韧性水平较高的区为位于城区东南部的裕华区和西北部的新华区。

表6-21 以行政区为单位统计应对暴雨内涝的韧性评价结果

城市	排序	行政区	平均得分
北京市	1	石景山区	0.4046
	2	东城区	0.3878
	3	西城区	0.3868
	4	海淀区	0.3827
	5	丰台区	0.3684
	6	朝阳区	0.3679
	7	大兴区	0.3493
天津市	1	和平区	0.4246
	2	南开区	0.4045
	3	河北区	0.4016
	4	河西区	0.3922
	5	西青区	0.3907
	6	红桥区	0.3881
	7	河东区	0.3869
	8	北辰区	0.3687
	9	津南区	0.3626
	10	东丽区	0.3485
石家庄市	1	裕华区	0.4627
	2	新华区	0.4323
	3	长安区	0.4268
	4	桥西区	0.4257

6.3 应对暴雨内涝的建成环境韧性空间格局特征

6.3.1 城市间韧性格局分化明显

将各典型区域应对暴雨内涝的类型及等级进行叠加，分别生成三座城市典型区域应对暴雨内涝的韧性空间格局（图 6-24、图 6-25、图 6-26），完整类型及等级叠合结果见附录表 B。通过图表分析可得，京津冀典型城市之间韧性格局差异大，不同城市在韧性类型、韧性等级方面均呈现较大分化。例如在韧性类型方面，北京、天津市典型区域均不包含低坚固 - 高冗余 - 低调配 - 高速度、低坚固 - 低冗余 - 高调配 - 低速度两种韧性单元聚类，而石家庄市缺失高坚固 - 低冗余 - 低调配 - 低速度、低坚固 - 低冗余 - 低调配 - 高速度韧性单元聚类；在韧性等级方面，石家庄市、天津市、北京市韧性等级总得分分别为 0.4338、0.3889、0.3748，各城市韧性水平分值均在 0.5以下，说明各典型城市应对暴雨内涝的韧性水平偏低且各城市间有一定差距。此外，由各典型城市韧性等级分布柱状图（图 6-27）可见，北京市韧性等级范围为Ⅰ~Ⅷ级、天津市为Ⅱ~Ⅷ级、石家庄市为Ⅲ~Ⅸ级，不同城市韧性单元等级在分布上同样存在较大差异。

从综合聚类与等级分析结果可以得到典型城市韧性格局特征，其中，北京市优势聚类占比最高，在更多方面具有高韧性水平，但韧性整体得分较低，可见其单元韧性水平两极分化现象突出；天津市优势聚类占比与韧性整体得分均排名第二位，属性分布与韧性水平较为平均，但其劣势聚类占比最高，说明较多区域存在多种需要提升的属性类型；石家庄市优势聚类占比在三座典型城市中最低，优劣结合聚类分布最广泛，但韧性整体得分最高，可见石家庄市大范围区域为优势与劣势情形并存的格局，但整体上应对暴雨内涝的建成环境水平较高。

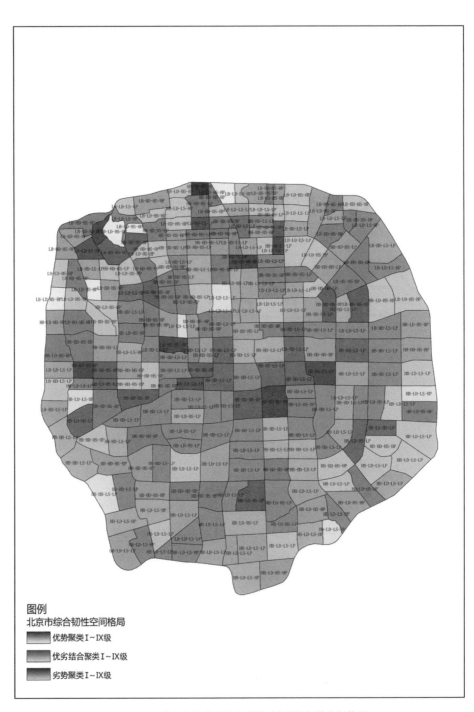

图例

北京市综合韧性空间格局

优势聚类 I~IX级

优劣结合聚类 I~IX级

劣势聚类 I~IX级

图 6-24　北京市典型区域应对暴雨内涝的韧性空间格局

图 6-25　天津市典型区域应对暴雨内涝的韧性空间格局

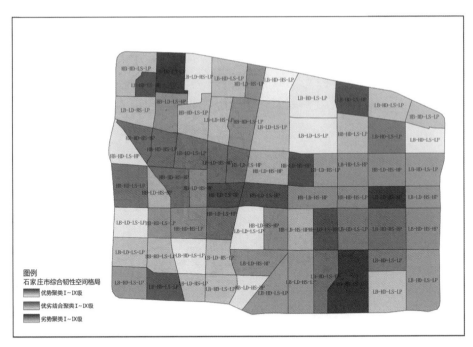

图 6-26　石家庄市典型区域应对暴雨内涝的韧性空间格局

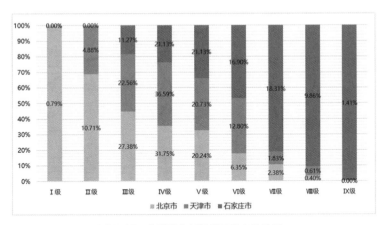

图 6-27　典型城市韧性等级分布柱状图

6.3.2 空间异质性强且呈现集聚特征

典型城市内部区域空间格局呈现较强的异质性特征，不同类型、等级的韧性单元在空间上分布不均匀，而相同类型或等级的单元具有一定程度上的空间集聚性，形成团块状、斑块状、带状等形式的集聚区域。

北京市优势聚类、优劣结合聚类分别集中在中心城区典型区域的西北部和东南部，整体呈团块状分布，劣势聚类则主要分散在城区的东、北、南部，呈斑块状分布（图6-28）；北京市高韧性等级单元集中在西北、中部，而低韧性等级单元主要分布在中心城区边缘区域。通过对北京市各类指标进行分析发现，北京市中心城区西北部地势高、绿地率高，该两项因子权重均位列指标体系中的前三位，在很大程度上决定了西北部在应对暴雨内涝方面具有较高的韧性水平；而中心城区典型区域边缘的雨水管网密度、消防站密度、医疗设施密度等各类设施指标数值远低于中心区域，导致边缘区域在类型与级别两个方面的韧性表现均较差。

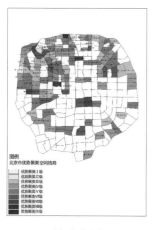  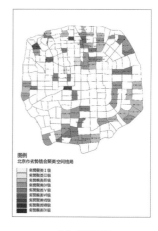

（a）优势聚类　　　　　　（b）优劣结合聚类　　　　　　（c）劣势聚类

图6-28　北京市各聚类等级空间格局

天津市优势聚类整体分布呈现西部多于东部的特征，优劣结合聚类集中分布在中部和东部，劣势聚类整体分布呈现外围多于核心区域的特征，高韧性等级单元主要在海河沿线呈带状分布，以及在中心城区西部区域呈团块状分布，低韧性等级单元集中在中心城区边缘区域呈环状分布（图6-29）。从自然条件方面来看，天津市中心城区西部区域的地面高程、雨水坡降高于东部区域；从人工环境方面来看，中心城区西南部的区域道路密度、医疗设施密度、道路通达度较高，故成为优势聚类、高等级单元集聚区域。而中心城区外围韧性单元，尤其是城区北部大面积区域在应急避难空间、消防站、医疗设施等方面存在较大短板，韧性类型与等级有待进一步提升。

(a) 优势聚类　　　　　　　　(b) 优劣结合聚类　　　　　　　　(c) 劣势聚类

图 6-29　天津市各聚类等级空间格局

石家庄市优势聚类整体呈现西部多于东部的格局，优劣结合聚类在南北向的中间段呈带状分布，劣势聚类在中心城区南侧、北侧呈团块状分布，高韧性等级区域主要集中在城区中心呈带状分布，低等级单元在城区南部、北部呈斑块状分布（图6-30）。通过分析石家庄市各项因子数据发现，城区南北向的中间段雨水系统体系完善，具体体现为雨水管网密度高、雨水管道平均管径大、雨水设施密度高，因此聚集了高韧性等级及部分优势聚类单元。相反在城区南侧及北侧区域雨水系统不完善，且各类设施密度相对城区中心较低，形成劣势聚类与低韧性等级区域均集中在城区南北两侧的空间格局。

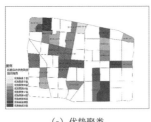  

(a) 优势聚类　　　　　　　　(b) 优劣结合聚类　　　　　　　　(c) 劣势聚类

图 6-30　石家庄市各聚类等级空间格局

6.3.3 韧性系统属性间均衡性不足

以4R属性为单位统计三座典型城市韧性属性指标均值,统计结果如图6-31所示。由统计结果可见,各典型城市韧性属性表现具有较大差异,城市之间及各城市内部韧性系统属性发展均呈现不均衡性。

其中,石家庄市在物质空间维度的坚固性层面表现最佳,指标均值达2.92,反映其在地形地势及雨水系统方面的因子表现较好,但石家庄市资源可调配性均值仅为0.95,远低于其他典型城市,反映其在医疗设施、应急救援设施等方面有待提升。天津市典型区域在物质空间维度的冗余性、资源可调配性及快速性层面均表现出较好的韧性水平,坚固性层面相对较弱,反映出天津市在暴雨内涝灾后调动和恢复能力较强,但在物质空间层面抵御暴雨内涝侵袭的能力相对较弱。北京市典型区域在物质空间维度的坚固性层面相对其他属性较优,在快速性层面相对较弱,尤其是中心城区边缘区域在道路通达度、医疗设施距离等方面呈现较低韧性水平。

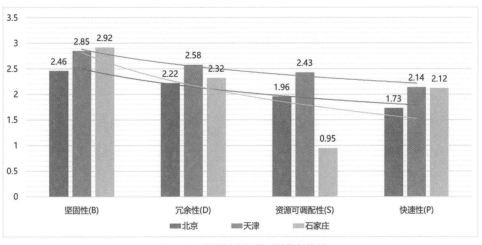

图6-31 典型城市韧性属性指标均值

7

基于仿真模拟的建成环境
韧性提升策略

在我国开展应对暴雨内涝的韧性提升实践，应结合我国国情与大多数城市的建设现状，至于如何最大限度发挥韧性提升的价值，实现提升城市治理水平和空间品质的目标，需要一个较长的探索期。本章以天津市中心城区为例，选取最具代表性的市内6区，即和平区、河西区、南开区、河东区、河北区、红桥区的行政区划范围，作为研究对象。结合应对暴雨内涝的韧性评价结果与SWMM模拟分析，提出应对天津市中心城区暴雨内涝问题的新思路及具体的韧性提升策略，希望为此类优化提升性建设提供一定的借鉴与引导。应对暴雨内涝的韧性提升策略既要达到既定的韧性提升目标，又需要保证其他功能不受损，需要遵循基本的原则以保证策略的可实施性。

（1）因地制宜与具体分析

基于韧性评价分析可知，由于每个地区或地块的具体情况，如建设年代、区位条件、开发强度等不同，其所面临的暴雨内涝问题也各不相同，在建设资金条件有限的情况下，必须集中力量解决主要矛盾，根据评价结果明确目标地区的核心问题，有针对性地提出解决策略。

（2）多层贯穿与高效传导

由于应对暴雨内涝的韧性评价分为不同的层级，其对应的策略也需要分级提出。如在城区级所确定的控制参数与设计意图需要有效传导到街区级指导实施建设，同时必须保证在传导过程中不丢失信息，实现控制参数与设计意图的完整表达。因此，街区级的策略应在城区级的调配与规划背景下展开。

（3）资源集约与经济适用

由于资金、社会等建设背景条件的制约，并非所有的雨洪提升策略都可以堆叠在方案中，若每个地块都采取大而全的策略，则必然会导致实施困难。同时，韧性的提升应该尽量不影响其他功能体系的正常运转或利益，保证在建设过程中实现资源的集约利用，若因韧性的提升而使得其他系统需要消耗更多资源来补全功能，则该模式不是合理的治理模式。韧性开发项目还应尽可能地减少成本，此成本不仅包含开发建设的成本，还包括后期管理、设施运行与维护的支出等。

（4）公众参与与社会友好

韧性提升的最终目的是提升城市风险管理水平与城市品质，构建更加安全、健康的人居环境，需要广泛的公众参与，使市民认识到益处所在，这样才能为策略的实施提供助力，最终使其成为全社会推动的共同事业。

7.1 研究对象韧性现状解析

7.1.1 研究对象概况

天津市地处海河下游，东临渤海，是中国北方最大的港口城市，国家级中心城市，也是环渤海地区的经济中心，京津冀城市圈的两大核心城市之一。其中心城区由和平区、河西区、南开区、河北区、河东区与红桥区组成。天津自古因漕运而兴起，是中国古代重要的水陆码头。城市内水网密集，海河五大支流在此汇合并入海，自古便有"九河下梢天津卫，三道浮桥两道关"的美誉。天津市独特的地理环境与社会经济特征决定了其在雨洪韧性研究方面具有代表性。

（1）城市人口与用地条件

天津市下辖 16 个市辖区，按照地理位置可以分为中心城区、环城区、滨海新区和远郊区县四个部分，根据《天津市空间发展战略规划条例》，天津市发展格局中的"双城双港"概念中的双城指的就是中心城区及滨海新区核心区。

中心城区是天津自古以来的发祥地，是天津市政治、经济、文化、商业、科教中心。据天津市统计局统计，在 2019 年末，天津市常住人口达 1561.83 万人，城镇人口达 1303.82 万人，城镇化率达 83.48%。相较于北京、上海等超大城市，天津市人口总量并不突出，但在人口分布上呈现出高度的集中性。中心城区的 6 个行政区，以 1.45% 的土地面积承载了全市 33.57% 的人口，天津市各行政区面积与人口占比对比如图 7-1 所示，与之配套的是高密度的、完善的基础设施与各类公共设施，据统计，市内建设用地仍在逐年扩张。在如此高密度的地区，面对暴雨内涝扰动时的脆弱性会被成倍地放大，同等级的破坏与损失会在高密度的环境下造成更大的人口安全问题与经济影响。

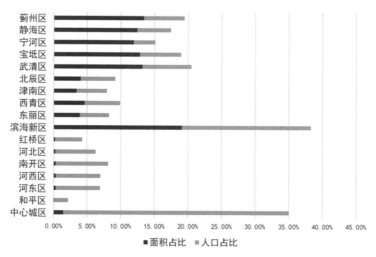

图7-1　天津市各行政区面积与人口占比对比

（2）地形地貌与环境条件

天津市地处华北平原北部，海河下游，其地质构造较为复杂，地势以平原和洼地为主，海拔由北向南逐渐降低，全城平均海拔不足20米。城市中平原面积占93%，但其中大部分为冲积平原，由洪积扇和冲积扇组成，呈扇形分布。由于地形坡度低，地势平坦且具有扇形冲积平原的特征，在雨洪暴涨积累时期，难以通过地表径流重力自排的方式进行雨水分散。

水文方面，天津市地跨海河两岸，全市共有一级河道19条，人工河道若干条，二级河道79条，深渠逾1000条，并有一定量级的地下水文储量。气候方面，天津地处北温带，亚欧大陆东岸，主要受季风环流的影响，属于温带半湿润季风性气候，由于靠近渤海湾，海洋季风与海陆特性会对气候造成明显的影响，体现在雨洪方面便是汛期集中。

结合土地利用现状和现场调研分析可知，天津市中心城区建设用地比例极高，开发强度较大，其中旧城区的建筑密度相对较高，新城区的容积率相对较高；各种功能用地的布局不尽合理，分布过于单一集中，部分土地的利用效率低下。而绿地、公园、广场等开放空间的分布较为零散，数量少，面积小，且人工干预明显，自然水体、绿地面临不断被侵占的危险；在城区内的绿地系统中，大型绿地公园较少；绿化植被种类、形式及层次都较为单一；开放空间中的铺装材质，大部分为不透水表面，对雨水的吸收和净化作用都有很大的局限性。基础设施配置普遍存在标准较低的问题，很难满足防灾对城市基础设施的刚性要求，也无法满足灾害发生时基础设施的冗余性要求。

以上特征决定了中心城区在常态下会面临较大的暴雨内涝风险，同时又在雨洪韧性提升方面具有极大的潜力，故本节以具有典型性的天津市中心城区作为研究对象。

7.1.2 暴雨内涝扰动分析

由于全球气候变暖，生态环境遭到破坏，人类对自然空间不断地侵占，所以人类聚集区内由极端天气引发的灾害频繁发生，如暴雨、暴雪、台风、雾霾等。其中又以暴雨所引起的扰动频率最高，造成了巨大的人员安全威胁和经济损失。天津市所处的北方渤海湾地区降雨量分布在全国属于 4 至 5 级，在北方地区属于降雨量偏多地区。

天津市中心城区地跨海河两岸，中心城区的暴雨内涝灾害往往与暴雨所导致的海河水位上涨息息相关。自清嘉庆六年（1801 年）便有由于暴雨海河上游流域洪水倾泻淹没天津，造成严重人员伤亡与经济损失的记载（《嘉庆道光两朝上谕档》）。而 20 世纪以来天津市更是频繁遭遇暴雨内涝扰动，每到汛期极易形成内涝，暴雨淹没城市道路，造成地下空间倒灌、面源污染传播、触电漏电等安全问题（图 7-2）。如 2005 年 8 月 16 日，天津市遭遇大暴雨，其西南部降雨量累计超过 100 mm，个别地区降雨量超过 200 mm，造成大面积的暴雨内涝，导致道路不通，多条公交线路停运或改运；又如 2016 年 7 月 20 日，天津市普降暴雨，导致约 14 万人受灾，大面积农业用地绝收，造成直接经济损失约 25 000 万元。

面临高风险的暴雨内涝扰动，需要分析天津市中心城区降雨特征，从统计资料中可以看出天津市降水具有时空分布上的差异性和不均匀性。

① 降水分布在空间上呈现出不均匀性。天津市中心城区地势平坦且海拔较低，多为洪积与冲积平原，其低洼的地势易造成积水。市内的诸多洼淀被大大小小的河道切割，形成小洼地，使得地形进一步破碎化，所以地面雨水会在暴雨峰时迅速形成积水，并且不易自排。从天津市中心城区的年降雨量空间插值统计数据可以看出，

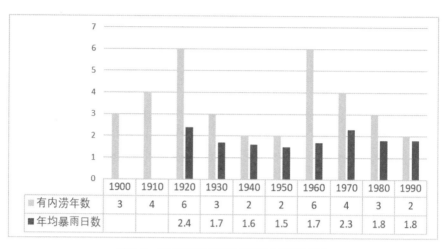

图 7-2　20 世纪以来天津市暴雨内涝扰动统计
（资料来源：根据中国气象数据网数据自绘）

自 2000 年到 2018 年，天津市中心城区典型地区的降雨量在时间上呈现逐年递增的趋势，在空间分布上整体呈现西北低、东南高的特点（图 7-3 至图 7-6）。

② 降水分布在时间上呈现出较为明显的差别。从天津市逐年地面降水数据（图 7-7）可以看出，自 2004 年到 2018 年，天津市的降雨总量及日降雨量不小于 0.1 mm 的日数虽有起伏波动但总量变化幅度不大，说明天津市年降雨量并未因区域气候或环境变化等原因出现较为明显的改变。但从天津市历年各月最大日降雨量数据（图 7-8）可以看到，在全年的 12 个月份当中，降水基本上集中在夏季的三个月份，又特别集中于 7 月与 8 月，其两月降雨量之和可以占到全年降雨总量的 75%。

天津市作为沿海城市，受海洋季风影响较大，当夏季气温升高时，太平洋副热带高压会北移至黄海、渤海一带，亚洲大陆低气压槽因此而东移，天津的主要水文如海河、滦河流域，在此时便会受到低气压槽及热带高压气流的集成作用，从而促使东南暖湿气流向北输送，形成可以辐射覆盖天津市中心城区的夏季短历时暴雨。天津市各月平均降雨量与最大降雨量差异显著，特别是在 7、8 月份，在整体跃升的同时，此二者差距也明显拉大。这说明天津市在夏季集中的降雨量并非逐日累积的，而是集中在某几场特大降雨当中，这类特大降雨即中心城区最典型、破坏性最强的暴雨内涝扰动，也是韧性研究所要应对的核心问题。

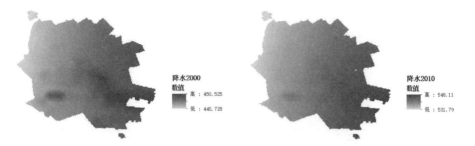

图 7-3　中心城区典型地区 2000 年降水分布　　　　图 7-4　中心城区典型地区 2010 年降水分布

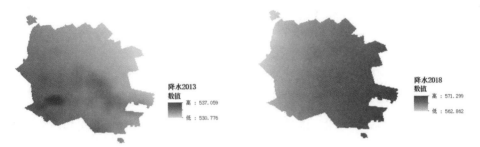

图 7-5　中心城区典型地区 2013 年降水分布　　　　图 7-6　中心城区典型地区 2018 年降水分布

（资料来源：根据《中国气象背景数据集》自绘，数值单位为 mm）

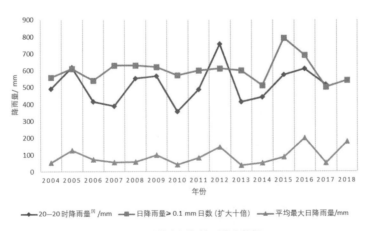

图 7-7　天津市逐年地面降水数据

（资料来源：根据中国气象数据网数据自绘）

---

[1] 衡量逐时降雨量的指标，即晚上 20 时到次日晚上 20 时的 24 小时累计降雨量。

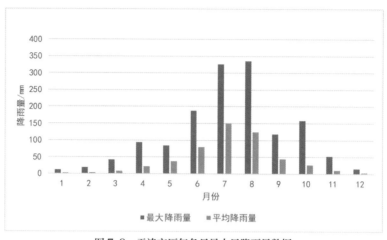

图 7-8　天津市历年各月最大日降雨量数据

从本节所总结的历史数据分析中，可以得到天津市中心城区暴雨内涝问题的现状及历史变化情况，结合天津市的降雨特征可以看出，暴雨所导致的城市内涝等扰动长期影响着城市生态安全、人员安全、经济安全等。从降雨特征、地形地貌等自然因素分析，暴雨内涝扰动在天津市中心城区已成为一个需要长期重视并亟待解决的问题，而快速城镇化所导致的城市下垫面性质的巨大变化，以及粗放式城市开发所导致的地下、地上水文变化和各类雨水设施的老化损坏等人为问题，更增大了暴雨内涝扰动的影响力和发生频率。因此，对天津市中心城区韧性的研究是一个需要着重对待并长期存在的命题。

7.1.3　雨洪情景模拟

在第 6 章中已完成对天津市韧性空间格局的划定，而在实证研究中，需要对研究对象进行雨洪情景模拟，通过对比情景模拟表现与韧性空间格局分布，发现更加真实、具体的雨洪韧性问题，由此提出具有实效性的韧性提升策略。

城市汇水区又称为集水区，是地表径流汇聚到同一出水口过程中所流经的地表区域，是分布式水文模型计算与面源污染计算的基础，也是城市排水系统的基本计算单元，本节以城市汇水区为基本单元来进行 SWMM 模型的构建，从而实现对雨洪情景的模拟。

在天津市中心城区雨水系统规划(图 7-9)中，根据不同区域排水系统及地形地貌、

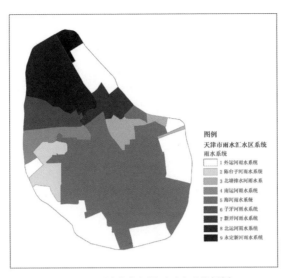

图 7-9　天津市中心城区雨水系统规划

（资料来源：根据《天津市中心城区雨水系统图》自绘）

水文特征的影响，将原外环线以内，即被外环河所包围的城区分为外运河、陈台子河、北塘排水河、南运河、海河、子牙河、新开河、北运河及永定新河 9 个雨水汇水区。每个汇水区均为一个雨水系统，系统内部区域的雨水由其主要水体进行调蓄，各汇水区调蓄面积如表 7-1 所示。

表 7-1　各汇水区调蓄面积

汇水区	调蓄面积 /hm^2
北塘排水河雨水系统	724
北运河雨水系统	4309
陈台子河雨水系统	1393
海河雨水系统	13567
南运河雨水系统	1418
外运河雨水系统	6655
新开河雨水系统	1364
永定新河雨水系统	561
子牙河雨水系统	1619

　　根据《天津市中心城区雨水管网规划》与《天津市中心城区雨水泵站系统规划（2017）》中对子汇水区的划分，本书将天津市中心城区典型地区分为 109 个子汇水区，作为本文雨洪情景的基本单元（图 7-10）。同时，将前文中获取整理的绿地率、

地面高程等数据，以及《天津市中心城区雨水管网规划》中所确定的排水设施密度、管径大小、雨水调蓄设施等数据（图 7-11），作为 SWMM 模型构建的基础参数，具体子汇水区所属雨水系统与调蓄面积、各雨水泵站名称与设计流程见附录表 C-1、表 C-2。

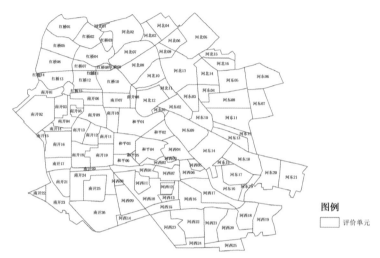

图 7-10　中心城区典型地区子汇水区划分

（资料来源：自绘）

| 排水设施密度 | 管径大小 | 雨水调蓄设施 |

图 7-11　中心城区典型地区雨水管网与设施数据

在 SWMM 模型中对各项图元进行参数赋值，构建中心城区典型地区 SWMM 模型（图 7-12），并以天津市暴雨强度公式计算得出的天津市雨型为基础，构建雨量计，分别以五年一遇、十年一遇、五十年一遇、百年一遇的暴雨进行雨洪模拟，得出中心城区典型地区雨洪韧性表现（图 7-13 至图 7-16）。

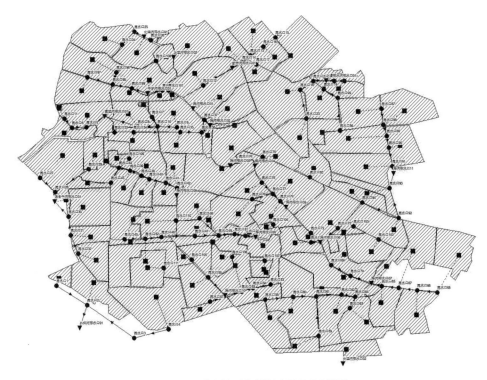

图 7-12 中心城区典型地区 SWMM 模型

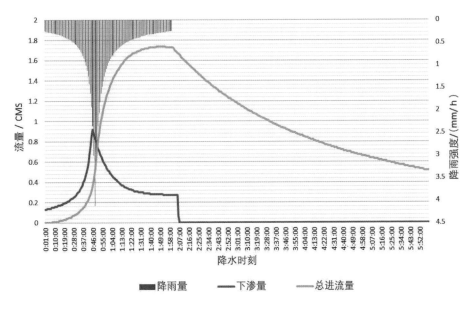

图 7-13 五年一遇暴雨情景下雨洪韧性表现

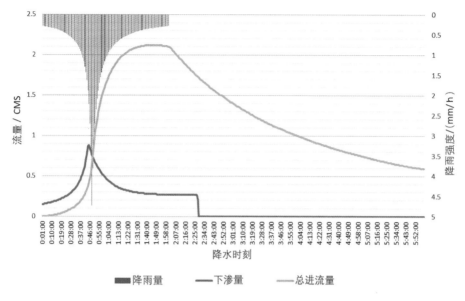

图 7-14　十年一遇暴雨情景下雨洪韧性表现

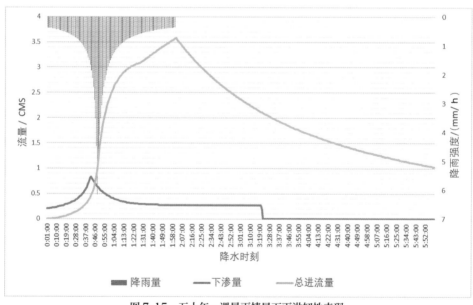

图 7-15　五十年一遇暴雨情景下雨洪韧性表现

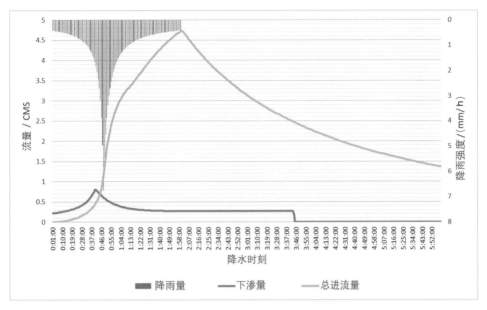

图 7-16　百年一遇暴雨情景下雨洪韧性表现

根据四个重现期下 SWMM 模型的雨洪韧性表现可知，在系统降雨强度增强的同时，越来越多的雨水进入管网系统，导致总进流量与径流数据攀升明显，且增长速率变化明显，增长曲线由平滑转向陡峭；而在下渗方面，在五年一遇的暴雨情景下，下渗速率在降水初期高于五十年一遇与百年一遇暴雨情景，这是因为当雨量超过地表下渗速率与集水量峰值时，大量的雨水会转化成径流离开场地，导致下渗量在初期降低，但当降雨峰值过后，下渗过程逐渐趋于稳定，曲线也趋于平缓，故在降水后期，降雨量更大的暴雨所积累的下渗量会更大。从数据曲线来看，可以观察到暴雨排涝能力随着降水重现期的变长而减弱，但中心城区典型地区系统整体未出现明显的超载与崩溃现象，故下一步我们对各个子汇水区与节点等进行数据统计，来找出系统内部的脆弱部位（图 7-17）。

以百年一遇暴雨为例，来观察各个子汇水区的雨洪韧性表现，通过对比研究各个节点、管段的数据，对其流量、深度等进行排序，并将结果在对应空间位置进行反演，得到各个子汇水区的雨洪韧性表现（图 7-18 至图 7-25）。通过雨洪情景模拟，可以得知中心城区当前的雨洪排涝薄弱环节与易受灾位置，在此基础上，可基于韧性空间格局与雨洪情景模拟叠加的图底，从韧性角度提出一系列有针对性的提升策略。

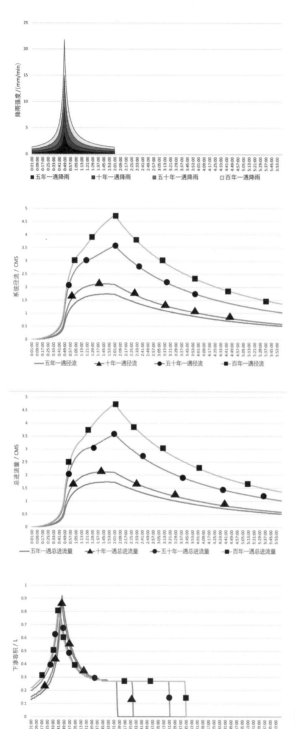

图7-17　不同重现期下模型降雨强度、总进流量、系统径流、下渗容积方面的对比变化图

图例

最高径流量（CMS）

数值

高：0.094

低：0.001

图 7-18　各汇水区最高径流量

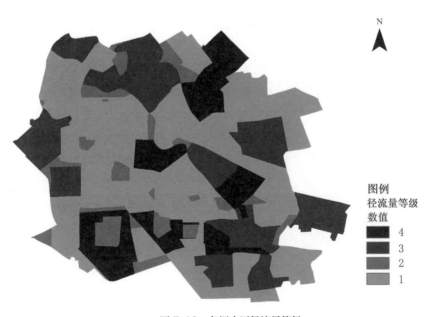

N

图例

径流量等级

数值

4

3

2

1

图 7-19　各汇水区径流量等级

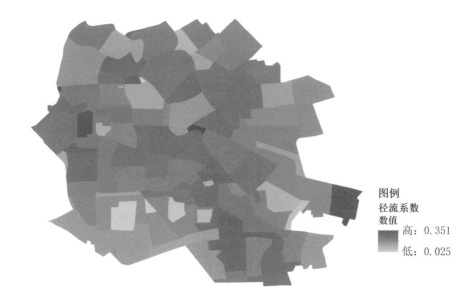

图例
径流系数
数值
高：0.351
低：0.025

图 7-20　各汇水区径流系数

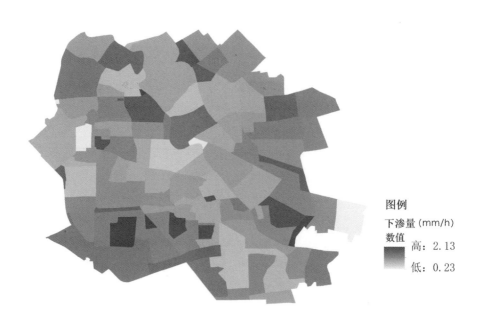

图例
下渗量 (mm/h)
数值
高：2.13
低：0.23

图 7-21　各汇水区下渗量

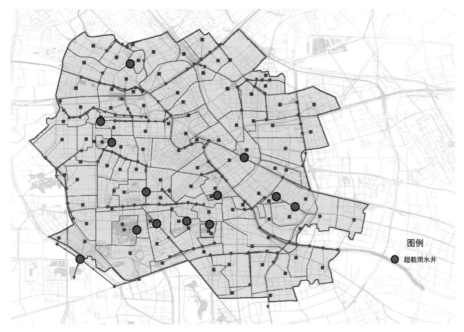

图 7-22　超载雨水井点位

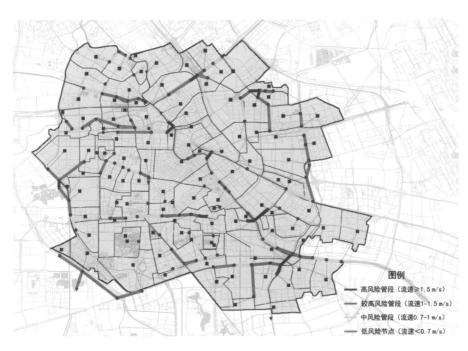

图 7-23　雨水管风险级别分布

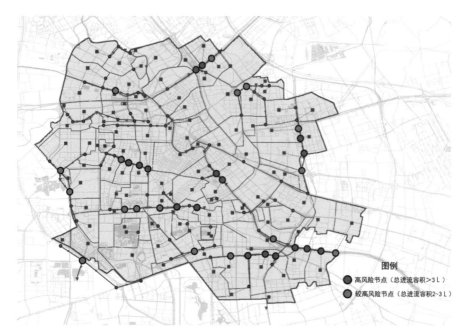

图例

● 高风险节点（总进流容积>3L）

● 较高风险节点（总进流容积2~3L）

图 7-24 雨水口风险级别分布

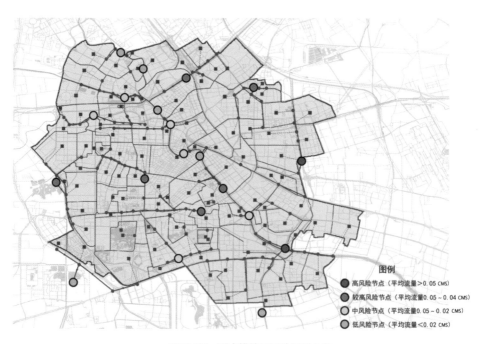

图例

● 高风险节点（平均流量>0.05 CMS）

● 较高风险节点（平均流量0.05~0.04 CMS）

○ 中风险节点（平均流量0.05~0.02 CMS）

● 低风险节点（平均流量<0.02 CMS）

图 7-25 雨水排放口风险级别分布

7.2 城区级韧性提升策略

根据前述分析可知，天津市中心城区典型地区存在韧性格局分化明显、空间异质性强并呈现集聚特征，以及韧性系统属性间均衡性不足等问题，而这些问题主要是由城区内韧性单元之间调配与连接度不足、基础设施的等级分布与空间布局存在地区差异，以及开放空间体系不健全所导致的，故城区级韧性提升应从以上三个方面出发，从空间规划方面弥补薄弱环节，运用合理的规划措施提升城区整体应对暴雨内涝的韧性。

7.2.1 构建韧性单元交互网络

根据应对暴雨内涝的城市韧性地图判定各地区的韧性强弱，遵循韧性单元互相支援策略，秉承高韧性单元支援低韧性单元的原则，构建韧性单元交互网络。在交互网络中，应根据韧性因子的特性，让雨洪、救援力量等根据"韧性渗透压"在单元之间流动，最终形成各单元之间稳定平衡的局面。根据韧性因子的流动性，主要从以下几个方面建立交互网络。

1. 划定雨洪调蓄交互方向

首先，应识别各韧性单元的雨洪承载能力，进而明确韧性单元之间雨洪的流动方向。在 SWMM 模拟中已对各韧性单元的雨洪流量、超载状态与渗透集水能力进行了总结（图 7-26），将其与天津市中心城区典型地区韧性格局（图 7-27）叠加，即可得到雨洪调蓄的流动方向。在模拟结果中，通过叠加下渗与集水量数据可以得出子汇水区雨洪调蓄能力强弱排序，识别出低调蓄力地区与高调蓄力地区，韧性单元雨洪调蓄能力如表 7-2 所示，根据其所属的雨水系统，进行韧性单元雨洪调蓄方向设计（图 7-28）。

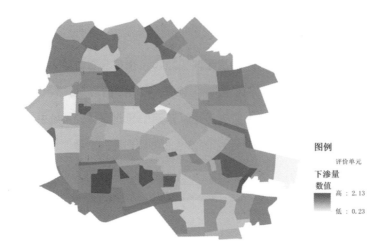

图 7-26　百年一遇暴雨情景下中心城区典型地区下渗量分布

图 7-27　中心城区典型地区韧性格局

表 7-2 韧性单元雨洪调蓄能力

	韧性单元编号	调蓄区域	集水指数		韧性单元编号	调蓄区域	集水指数
低调蓄力单元	河东 21	海河	0.23	高调蓄力单元	红桥 09	子牙河	2.13
	河东 01	海河	0.24		河西 08	自调	2.1
	红桥 14	南运河	0.54		南开 25	自调	1.99
	南开 03	陈台子河	0.55		河西 11	海河	1.94
低调蓄力单元	和平 01	海河	0.79	高调蓄力单元	河东 19	海河	1.9
	河西 22	海河	0.83		河西 12	海河	1.84
	红桥 08	子牙河	0.85		河东 15	自调	1.77
	南开 16	陈台子河	0.86		河西 03	自调	1.77
	河北 10	海河	0.86		南开 05	自调	1.77
	河西 16	海河	0.88		河北 03	新开河	1.76
	红桥 04	子牙河	0.88		河东 17	自调	1.75
	河西 20	海河	0.9		红桥 10	南运河	1.7
	河西 04	海河	0.92		红桥 11	南运河	1.69
	河北 01	北运河	0.95		南开 15	陈台子河	1.66
	南开 14	海河	0.96		河北 09	新开河	1.65
	和平 02	海河	0.97		南开 20	海河	1.64
	南开 02	陈台子河	0.97		河东 12	海河	1.61
	南开 11	海河	0.98		河西 14	海河	1.59
	河北 13	北塘排水河	0.99		河西 15	海河	1.59
	河西 07	海河	1		河东 05	海河	1.59

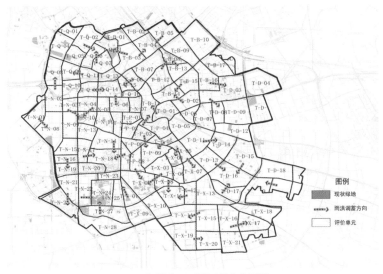

图 7-28 韧性单元雨洪调蓄方向设计

通过对韧性单元雨洪调蓄方向的设计，在韧性单元层面可以建立雨洪交互关系，在暴雨洪峰时可以迅速在区域层面分摊径流，从而避免个别单元超载被淹没而其他单元"独善其身"的现象。此类交互作用可以在韧性发挥作用的过程中降低由韧性空间分布不均匀所带来的风险，合理分配雨洪调蓄权责，大大加强系统的网络与高效流动。而具体的雨洪引导应通过管网系统与地表水系统来实现，在后续的基础设施布局与开放空间规划中落实到位。

2.完善救援力量战略布局

在应对暴雨内涝灾害时，救援力量的调配组织也是维护韧性的关键一环。在城区韧性地图中，韧性属性分布不均衡的很大一部分原因便是救灾生命线设施覆盖范围不均匀，在优化提升策略中，应考虑韧性单元之间的救援力量的应急调度方法，设计救援力量调配网络，并在低韧性地区补全救援设施。

首先根据城区救灾生命线设施分布图，划定应急救援范围（图7-29至图7-31）。然后根据设施覆盖薄弱点对救灾生命线设施进行战略补全，救援力量战略补全点如图7-32所示。在战略补全点设置救灾生命线设施，可以有针对性地减少相应地区的救灾风险，完善城区救援力量的系统布局，在应对雨洪灾害时可以迅速地调配救援力量，增强系统冗余性与高效流动，使人员与财产可以得到快速的疏散与保护。

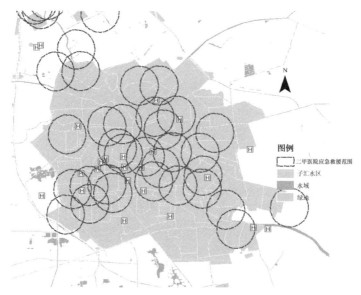

图7-29　二甲医院应急救援范围

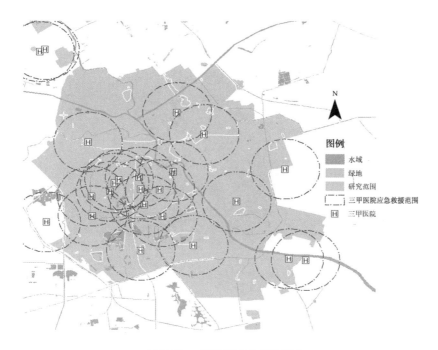

图 7-30 三甲医院应急救援范围

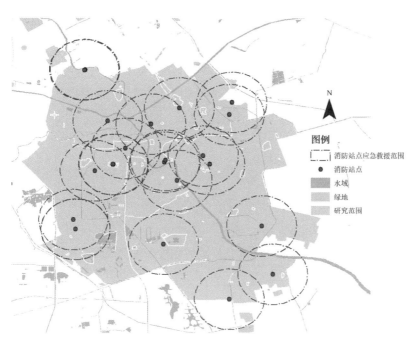

图 7-31 消防站点应急救援范围

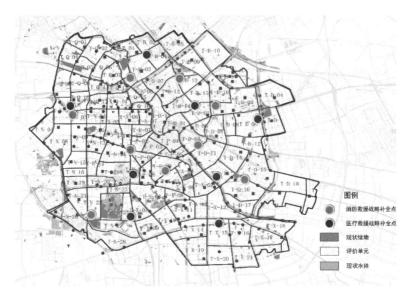

图 7-32　救援力量战略补全点

7.2.2　完善基础设施系统布局

在应对暴雨内涝的韧性评价体系中，基础设施类因子在各个准则层都占有相当大的比重，不管是集水、排水还是救灾疏散，基础设施在应对雨洪扰动时都会起到至关重要的作用。通过评价实证与情景模拟可以看出，天津市中心城区在基础设施方面存在一定的问题，需要在规划中针对其问题与位置进行改造，完善城区基础设施系统布局。

1. 排水口完善规划

中心城区典型地区共有 20 个水体直排排水口，基于 SWMM 模拟可得到在遭遇百年一遇暴雨情景下城区各排水口的状态（表 7-3），其中海河排水口 07、海河排水口 11 的平均流量超过 0.05 CMS，属于高流量排水口，泛洪风险较大，但其中心处于海河主流沿线排水口，状态均较为良好，故应根据排水口风险状态，为其设定改造优化方案（图 7-33）。对于重点改造的排水口，应将其附属雨水汇接口与子汇水区重新进行区域划分，减轻其排水压力；对于次重点改造排水口，应对排水口位置与设施水平进行升级，增强其排水能力；对于维护性改造排水口，不需要进行设施升级，但要对排水口设施进行维护，保持其健康的状态。此外，应将所有排水口设置在水体常水位之上，在平日应对水体进行疏浚，科学降低水位，对于某些在降低水位方面有困难的水体，则需要设置工程设施进行辅助，并实施科学的截流对策，统筹处理河水倒灌、溢流等问题。

表7-3　百年一遇暴雨情景下城区各排水口状态

排水口节点	百分比 / （%）	平均流量 / CMS	最大流量 / CMS	总容积 / L
海河排水口 07	99.81	0.132	0.729	14.269
海河排水口 11	98.89	0.067	0.403	7.207
陈台子河排水口 01	99.75	0.053	0.261	5.756
海河排水口 09	99.81	0.052	0.347	5.642
北塘排水河排水口 01	99.47	0.051	0.276	5.441
新开河排水口 01	99.17	0.046	0.259	4.964
海河排水口 05	98.64	0.042	0.219	4.5
海河排水口 08	98.53	0.04	0.251	4.208
子牙河排水口 01	99.86	0.036	0.214	3.919
南运河排水口 01	98.86	0.031	0.208	3.303
海河排水口 03	99.89	0.03	0.15	3.253
海河排水口 10	98.97	0.03	0.226	3.215
海河排水口 02	99.89	0.029	0.177	3.089
海河排水口 06	99.22	0.026	0.142	2.734
北运河排水口 01	99.83	0.018	0.106	1.944
北运河排水口 02	99.86	0.016	0.076	1.691
外环河排水口 01	97.08	0.015	0.029	1.615
海河排水口 01	99.86	0.013	0.065	1.36
海河排水口 04	99.08	0.009	0.048	0.936
外运河排水口 02	99.83	0.006	0.044	0.688

图 7-33　中心城区典型地区各排水口改造优化方案

2. 雨水管网及泵站完善规划

市政排水设施以单一排水功能为主导，主要由雨水管、雨水井、雨水口、泵站等设施组成一套相互连接、功能搭配的工作网络，其基本功能是实现雨水的迅速排放、转移和治理。从因子耦合模拟结果中可以看出，提高排水设施密度、将管径扩大一倍、增设泵站，对于雨洪峰值的削减率分别达到了 50%、66%、98.6%，作用效果相较绿色基础设施更为明显。

从作用机理上来说，此类市政排水设施追求"排"与"散"，管渠、深井等都是为了以最快的速度排走最大量的雨水，使地表迅速恢复到涝前状态；而绿色基础设施如雨水花园、渗透塘等追求的是"渗"与"留"，目的是将雨水储留在源头场地，减少径流外排，实现雨水资源再利用。虽然就作用机理而言，绿色基础设施更为生态、健康，但是其作用方式决定了其处理雨洪来水的速度远不及工程设施。下渗、漫流、吸收等都是较为缓慢的过程，当暴雨水量达到一定阈值、绿色设施处于饱和状态后，其作用就明显下降。故在特大暴雨来临时，足量的工程设施才是担负主要排水任务的力量。对排水设施的完善性规划，不能一味地追求扩容，而是应识别出现状下不满足设计标准与实际排水要求的设施点位，对其进行有针对性的改造，对于现状下满足要求的设施，可以通过结合其他因子的优化策略，尽量减轻其排水负担。

根据研究中所建立的雨洪模型可知，中心城区典型地区现状下共有雨水干管290段，雨水泵站116个，通过雨洪模拟，可以观察到各段管道上的超载雨水井与雨水口风险分布（图7-34、图7-35），进而对各段管道的超载风险进行识别。对于不满足现状排水需求的管网，需要进行扩建；在地势低洼且泵站未覆盖的地区，需加建雨水泵站。

在整体的管网完善规划中，应针对超载与应对能力不足的管段进行优化与提升，如通过图7-36可知，红旗路与吴家窑大街的复康路管段共有五个雨水口风险级别较高，此路段位于高架桥涵洞下，地面标高较低，管径大小为1000~1650 mm，下游入海河排水口。经过数据分析可知，下游排水口承接能力充足，但1650 mm管道排水能力不足，造成了雨水口的溢流与上游汇水区的地表内涝，故应对此管段进行扩建，将其管径扩大至2000 mm，在其地势低处可加建雨水明渠，以将暴雨就近疏解至水上公园汇水区。

图7-34　百年一遇暴雨情景下超载雨水井

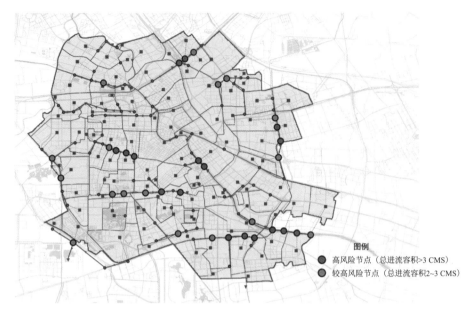

图 7-35　百年一遇暴雨情景下雨水口风险分布

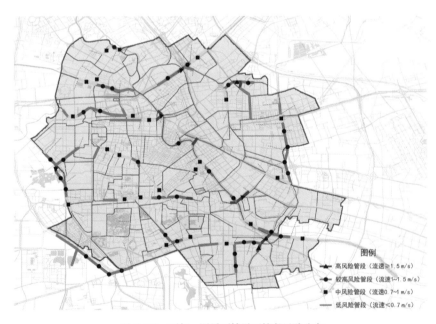

图 7-36　百年一遇暴雨情景下管段风险分布

同理，也应对城区内高超载风险管段进行升级扩建，同时在管段的重点溢流节点旁加建雨水泵站，使排水水头与管段流量均有较大提升，避免暴雨洪峰时的排水不畅与内涝积水问题，最终得到天津市中心城区典型地区雨水管网及泵站完善规划方案（图7-37）。

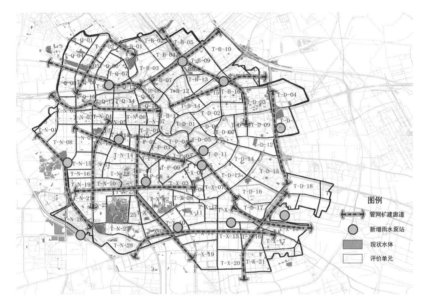

图 7-37　中心城区典型地区雨水管网及泵站完善规划方案

7.2.3 塑造城区开放空间体系

开放空间体系在应对暴雨内涝的过程中会起到重要的作用，绿地、水系的集水与调蓄能力可以有效增强城区对雨水的源头控制能力，场地的不渗透比率也会对径流产生较大影响，所以塑造科学合理的城区开放空间体系，不管是对源头减排还是过程控制都具有积极的韧性提升作用。

1. 优化绿地形态与体系布局

在应对暴雨内涝的韧性因子耦合模拟中，绿地率因子的调整对系统径流量的削减作用十分明显，其韧性作用方式主要是增强源头控制，增加雨水就地蓄留储存，从而达到削减地表径流、实现雨水再利用的目的。

城市绿地主要从三个方面提升应对暴雨内涝的韧性：首先，绿化用地本身状态与属性都接近自然地表，一般城市街区内的绿地，为了使植被在人工种植条件下得以存活与健康生长，都采用较高渗透性土壤，土壤孔隙率可达 50.48%，雨水在降落后可被迅速吸收并储存在土壤内；其次，绿地中的植被对于雨水的吸收与收集作用也十分明显，植物的枝茎与叶片系统可以承接大量雨水，延缓雨水落至地表的速度，从而极大延缓地表洪峰到来的时间；最后，绿化用地的渗透性 N 值较大，在地表径流经过绿化用地时，雨水漫流速率可被大幅度削减，使单位时间内进入道路表面的径流量降低，从而达到削减雨洪峰值、缩短时间的效果。

　　绿地作为连片的自然地表景观，在规划布置时从空间位置的选址到绿化形态的选择，可能都会对最终的雨洪韧性效果产生不同的影响，故运用 SWMM 理想模型设置实验，来验证不同位置和形态的绿化植被对雨洪韧性的影响效果（图 7-38）。

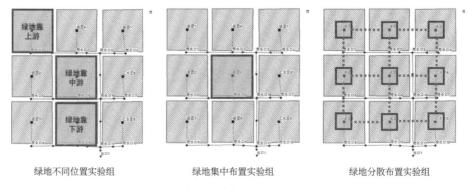

图 7-38　绿地分析实验组设置

理想模型由 9 个 10 hm² 模块组成，整体面积分布较为均匀，代入计算的为天津市暴雨雨型降雨数据。整个系统排水方向为由北至南，区域北部为排水上游，南部为排水下游。在实验中，首先将面积相同的绿地分别放置在场地排水区域的上、中、下游的位置，分别模拟；然后将同样条件的绿地集中布置或分散布置，再次进行模拟，得到两组实验结果。而在绿地形态方面，将其设置为集中式与分散式形态下对雨洪韧性的影响效果，绿地位置与形态实验模拟结果如图 7-39 所示。

　　从模拟结果可以看出，在绿地空间位置方面，当绿地面积相同时，绿地布置在街区排水区域上游，对系统径流量的削减程度最高；绿地布置在中游时，削减程度适中；绿地布置在下游时，削减程度最差。这是因为系统产生径流堆积时，是由上游至下游层层叠加，不断漫流形成的，而当绿地布置在上游时，上游降水大量地被

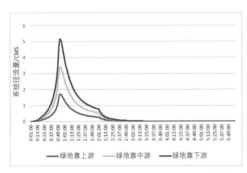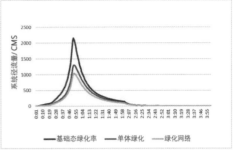

图 7-39 绿地位置与形态实验模拟结果

绿地吸收，从而产生较小径流或不产生径流，中下游产生的径流没有上游来水补充，又由于靠近系统出口可以快速排流，所以堆积速度自然大大减缓；而当绿地位于下游时，上游所产生的径流需要漫径流过整个街区地表到达绿地，产生的径流堆积量自然较大，且存在时间较长。在绿地形态方面，当绿地面积相同时，分散式绿地比集中式绿地对系统径流的削减程度更高。这是因为分散式的布局将系统径流平均分配到了各个组团内部，每个组团在经过自身内部小块绿地的吸收与渗透后，出流量都明显减少，相较于集中式布局，这种作用的"源头"更靠前，作用时段更早，可以吸收更多的雨水。图 7-40、图 7-41 展示了百年一遇暴雨情景下中心城区典型地区径流量和中心城区典型地区绿地空间分布。

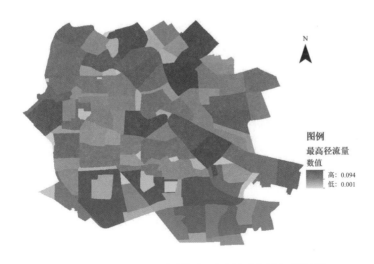

图 7-40 百年一遇暴雨情景下中心城区典型地区径流量

图 7-41 中心城区典型地区绿地空间分布

　　故在城区内布置绿地时，若无其他条件限制，首先需要识别径流量较大的区域，将绿地布置于其汇流面的上游，绿地采用分散式布局并串联成网，使地表径流能够最大限度地被绿地消纳吸收，从而达到提升雨洪韧性的目的。通过叠加分析各子汇水区径流量分布与现状绿地分布，按照上述原则对城区绿地进行增补，可以形成有利于韧性提升的中心城区典型地区绿地系统规划（图 7-42）。

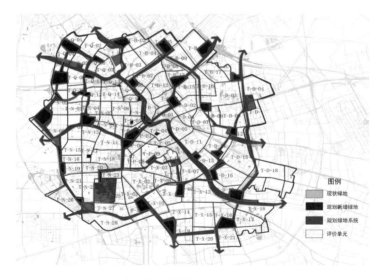

图 7-42 中心城区典型地区绿地系统韧性提升规划

2. 完善自然水体与调蓄池体系

各类水体对雨洪韧性的重要性毋庸置疑,基于耦合模拟可知地下水与地表水体的调蓄对系统径流的削减率分别达到了10.59%和33.83%,对雨洪韧性的作用效果显著。水体的韧性作用方式主要是对雨水的接纳与调蓄,除了直接接收其投影面积上方的降水,地表水体还可以通过街区内部的雨水管网、排水渠道、地表径流等吸纳消化其他地区过量的雨水,是最为直接的雨水调蓄单元,且作用于暴雨扰动的全过程。

在城市中,河流、湖泊等大型自然水体一般会作为雨水排放的出口,承担着重要的排水职责,而池塘、景观池等小型水体也可以起到吸收周边地表径流、调蓄雨洪的作用。在城区级别的规划中,应注重对河流的保护与检测,对其水位、流速、汛期等信息有具体的把握,从而将其作为调整排水方案的依据。水库、湖泊等水体应作为区域内雨洪调蓄的集中承载地,担负起承接周边地区超量雨洪的责任,在规划中应合理利用自然水体的天然优势,将其与绿地等开放空间结合设计,产生最好的调蓄效果。在径流产流量较大但无自然水体的区域,其消除与调蓄超量雨洪存在困难,须设置设施类水体,如雨水滞留塘、雨水湿地、雨水调蓄池等。综合考虑设施的运行、管理和维护便利性,优先采用雨水湿地或调蓄池的形式。同时,为实现综合效益,应结合公园、绿地等开放空间的景观设计,因地制宜地进行布置。

此外,地下水调蓄方式的优化也是构建整个水体调蓄体系的重要一环,地下水拥有较大容量的雨水调蓄空间,但相较于地表水体,雨水进入地下含水层的路径并不畅通,所以地下水体的优化主要从提高地下水回补效率出发。一般地下水回补是通过直接渗透或截水后回灌等方式进行的,在城市中,应充分利用地表水体与绿化植被等设施,在其中预留出渗透进入地下含水层的路径。单独建设地下水调蓄池性价比并不高,且无景观生态等附加效果,故在其他设施内加设地下水渗透装置的做法较为合理,如雨水花园、湿塘等设施。在蓄水层加设通向地下含水层的排水孔,使部分雨水可以渗透过沉淀区抵至地下,这样,在达成地下水调蓄目的的同时,也缓解了地表水体的调蓄压力。具体的地下水回补措施如表7-4所示。

表 7-4　地下水回补措施

措施分类	详细措施
以渗水为主	地面渗水法
	堤岸过滤入渗法
	井灌法
以截水为主	河道改造补给
	雨水径流收集装置布设

资料来源：联合国国际地下水资源评估中心。

通过中心城区典型地区现状绿地与现状水系分布（图 7-43），找出重点需要进行雨水调蓄的地区，在其所在位置设置水体调蓄战略点位（图 7-44）。应根据具体点位完善规划、建设状况与施工条件，修建地上或地下调蓄池。区域内含有自然水体的战略点位，应结合绿地等开放空间进行优化设计，将整体空间形态塑造为雨水湿地、雨水公园等兼具调蓄能力与景观美感的开放场地。

3. 行泄通道规划

当城市遭受不可避免的雨洪灾害时，应有专门应对超量雨洪，使其快速下泄的自然通道。超量雨水在成洪后，会沿地表顺地势汇聚形成泄流。通过高程分析与 SWMM 径流量对比，可以辨识出地势较低的高径流区，叠加城市道路网图进行分析，即可得到适合的中心城区典型地区雨洪行泄通道规划（图 7-45）。在规划中，应对行泄通道对应的城市主干通道进行改造，对路面进行拓宽处理，清除地表排水障碍，尽量避免在此路径上规划建设重要设施或设置居民区，同时对此路径上建筑的防洪标高与地块出入口高程等提出具体的管控要求。在雨洪灾害发生时，可以通过预警提前疏散并封锁此区域，保证人员与财产安全。

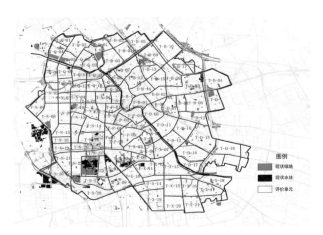

图 7-43　中心城区典型地区现状绿地与现状水系分布

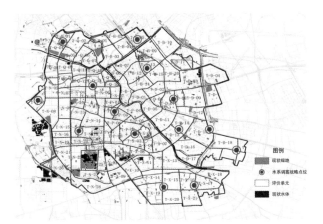

图 7-44　中心城区典型地区水体调蓄战略点位

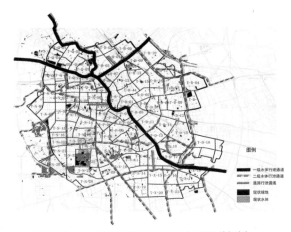

图 7-45　中心城区典型地区雨洪行泄通道规划

7.3 街区级韧性提升策略

中心城区典型地区内的街区主要存在韧性表达不完全、韧性管理思维封闭、基础设施不完备、不渗透表面比率过高、集水单元形式不合理、街区内部营建与管理无序等问题，而以街区为单元观察更大区域时，可以发现区域层面的韧性问题，诸如冗余性与网络连接度不足、韧性管控思维存在缺陷等，所以对于街区级韧性的优化提升，要从外部的街区雨洪控制与调蓄，以及街区内部的空间环境两个层面着手，内外兼济，真正实现整体韧性的提升，而非某单项因子的能力增强。

本节将首先在街区外部层面提出街区雨洪控制与调蓄方法及思路引导，然后从街区本身的空间环境层面出发，基于韧性因子作用机理模拟提出一系列韧性优化改造措施，并选取典型样本进行优化改造方案设计，对实施优化改造措施前后的街区进行雨洪情景模拟，来验证改造措施的有效性。

7.3.1 贯彻雨洪控制与调蓄原则

城市是一个复杂的系统，其中的任何街区都不是一座孤岛。街区虽然是一种相对独立的城市单元，尤其是居住区等较为内化、偏向自组织的街区，但这并不意味着街区在韧性管理上就要与外部完全脱离或隔绝。在面对风险与扰动时，独善其身的做法固然能维持一时的稳定，但做到内外兼济才是城市文明发展到更高程度的体现。不论是迫切需要提升雨洪韧性的落后街区还是设施相对完备的高韧性街区，都应该有一种生命共同体意识，在暴雨内涝灾害面前形成合力，每一个单元都要兼具吸纳削减和外排两种能力，这样才能把城市整体的灾害风险降到最低。因此，对于街区韧性管理而言，于内要做到对雨水以储存、蓄留、再利用为主，最大限度地承担个体在区域内的雨洪责任；于外要做到合理引导外排的雨水，在区域范围内对其进行分流调蓄。街区单元间的雨洪调蓄主要是为了应对街区产生超量径流导致区域内涝的情况，是基于冗余性、网络与高效流动准则的管控方法，实现街区之间的交互与压力分担，是一种失衡状态下的风险控制方式，雨洪调蓄主要作用于雨洪扰动的成灾期和恢复期，具体分为街区雨洪调蓄能力识别与街区雨洪调蓄路径划定两部分。

1. 街区雨洪调蓄能力识别

在应对暴雨内涝的韧性评价体系指导下，分别对街区的资源禀赋、结构特征等要素，包括其交通区位、淹没区、排水区界、配套设施等级与数量、空间环境等要素进行分析，对街区的雨洪调蓄能力进行具体而细致的评估，从而得到各个街区"应该""能够""将要"承担的雨洪调蓄责任，以及不同降雨情景下其合理的外排水量、蓄留水量等，为后续执行空间环境与设施改造提供科学依据与指导参数。街区还可以结合城市体检等工作，进行"一年一体检，五年一评估"的摸底监测，动态把握街区暴雨内涝风险级别与调蓄能力，根据实况制定后续韧性提升计划，并进行绩效测评和监督反馈。

2. 街区雨洪调蓄路径划定

在新的国土空间规划中采用了规划单元的控制模式，随着空间尺度的不同，运用多层级的网格将地区划分为不同级别的规划单元。在韧性提升的工作当中，可以对不同级别的规划单元分别进行应对暴雨内涝的韧性评价，确定各层级各单元的雨洪风险级别与韧性潜力，并进行降级传导，合理制定不同等级单元的雨洪控制指标，同时确定应急缓冲和雨洪转移机制。

故在街区的韧性提升工作中，应根据街区雨洪调蓄能力识别的结果，划定暴雨在各个街区之间的流动路径与方向。对于地表径流应遵循由低调蓄能力街区流向高调蓄能力街区的原则，对于流动方向上的排水管网、明渠、地面高程等进行统一设计，合理利用小型泵站等设施，形成从街区到街区的通畅调蓄路径。在街区达到雨洪调蓄上限时，可通过市政管网或地表排流设施将超限的雨洪转移至其他潜力较大的单元进行缓冲与暂存，降低暴雨洪峰对区域整体的影响；而当暴雨结束后，可以将存储的雨洪输送至外部河湖进行回补或经过处理后再利用。如城市中的湖泊可以作为区域雨洪的集中调蓄地，通过道路线形、场地竖向、管网和沟渠设计，可将外围道路积水引流至湖泊，从而在个体超载的情况下实现区域整体的平衡。

7.3.2 实施雨洪源头控制与减排

雨洪源头控制与减排，主要遵循坚固性准则，使系统对雨洪的抵御与吸收能力加强，从源头上控制与削减雨洪，使成灾期的阈值不断提高，街区地表径流均不外排，这是雨洪韧性提升策略中十分重要的前端工作。

街区雨洪的源头控制与减排，重点在于改变街区下垫面的水文循环特征，实现雨水的就地蓄留，各类物质空间的改造重点应从市政设施改造转向有利于雨洪蓄留的低影响改造，修复传统"快排"模式所破坏的"降水—下渗—径流—滞蓄—蒸腾（发）"自然水文循环链，通过调节物质空间环境，塑造安全应对暴雨内涝的韧性空间。通过街区雨洪韧性作用过程可以看出，雨洪韧性主要在雨水的下渗、径流及排水三个阶段发挥作用（图7-46），可以从这三个阶段出发制定相应的韧性提升策略。

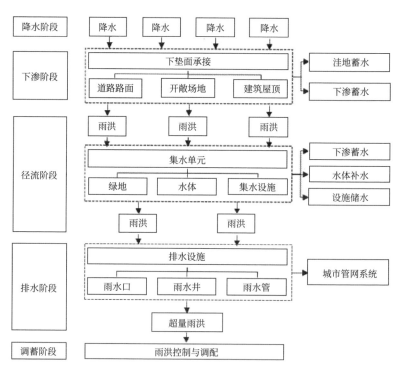

图 7-46　街区雨洪韧性作用过程

1. 软化下垫面，增加下渗与雨水收集

雨水在降落至地表后，首先会在地表进行第一次蓄留，经过洼地蓄水、下渗等过程后，剩下的雨水才会形成在场地上流动与扩散的径流。街区下垫面的透水性越强，对雨水的蓄留能力越强，单位场地所形成的地表径流也就越少。因此，街区应对其下垫面进行软化，增强其渗透能力，扩大可渗透面积，以在前端减少径流的产

生。下垫面的投影面积即是其承接雨水的面积。下垫面在街区内主要分为硬质场地、建筑屋顶及绿地等可渗透空间。下垫面的软化就是通过将其中硬质的部分转化为植被与透水材料来实现的。

（1）布设透水铺装

街区硬质的场地，一般主要由道路与铺装构成。不透水铺装是下垫面中渗透性最弱的一部分，大部分街区开发时为了满足人行道、车行道、停车场和广场等活动区域的需求，考虑到硬质铺装成本低于景观建设，且可以承受常年的踩踏，使用寿命更长，所以大面积地使用沥青、混凝土等不透水铺装，结果造成了街区内下垫面的普遍硬化。如居住区内的地上停车场、活动广场、公共服务设施和商业设施的集散广场、地上停车场等，其特点是面积较大、集中连片、不渗透比率高，下落或径流至场地上方的雨水很难通过下渗的方式就地储存。而硬质场地往往随着时间的推移而破损严重。一般街区采用水泥混凝土或砖砌铺装，极易在铺装破裂后出现坑洼或下陷，成为内涝积水的重灾区；而在公共服务设施养护水平较高的街区，有的会采用大理石、花岗岩等高强度材质的石板作为铺装材料，它们虽然不易破损形成积水，但是下渗能力更差，也不符合雨洪韧性的要求。调研街区内的开敞场地如图7-47所示。

天津市南开区浩天天娇源小区的开敞场地　　　　　天津文化中心大型开敞场地

图7-47　调研街区内的开敞场地

因此，在需要承载人流活动必须布设硬质场地的地区，铺装时应该尽量采用透水材料。透水铺装与一般场地铺装的不同点在于：透水铺装并非一体化设计，而是采取多层次、多材质堆料叠加，整体材料疏密有致，在承载荷重的同时可以通过孔隙层吸水存水，达到使雨水就地留蓄的目的；透水铺装还可以结合生物滞留措施（如使用草本植物、微生物土壤等）设计，有效地控制地表径流及其附带的污染物。一般广场、活动场地等承载人自身活动的场地都会采用透水砖（图7-48）和多孔混凝土等材料，它们一方面具有良好的透水性，另一方面可以结合彩色砾石与碎砂形成良好的景观效果。

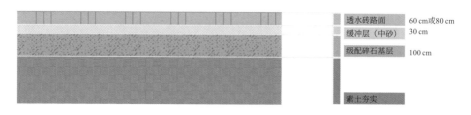

图 7-48　透水砖结构示意

　　而另一种结合生物滞留措施的透水铺装，一般是指由混凝土、河砂等材料压制而成的植草砖，它的抗压性和稳固性较强，绿草可以从砖石中间预留的孔洞中长出，但其根部会被保留在砖石下方而不会遭到破坏。植草砖将场地铺装与绿化结合在一起，保留了对人流和车流的承载能力，提升了雨水收集水平，可以显著增强场地应对暴雨内涝的韧性。但由于植草孔的存在导致人在其上面活动时感到不舒服，所以植草砖一般用于停车场地或小型场地（图7-49）。

植草砖铺装（停车场地）　　　　　　　　　　植草砖铺装（小型场地）

图 7-49　调研样本中的植草砖铺装

街区道路大多采用不透水材料作为路面材料，在韧性提升策略中需要对路面状况进行更新改善，对不透水材料进行合理替换或改造。新建道路或计划重建的道路，应全面采用透水材料，如透水砖、透水沥青、透水水泥、透水混凝土等，城市轻荷载道路、广场、停车场等也可以采用此类透水材料。透水铺装的原材料一般需要使用强度等级大于42.5的硅酸盐水泥，集料必须使用质地坚硬、耐久、洁净、密实的碎石料，集成的透水铺装性能应满足国家要求[1]（表7-5）。

表7-5　透水铺装性能要求

项目	计量单位	性能要求	
耐磨性（磨坑长度）	mm	≤ 30	
透水系数（15 ℃）	mm/s	≥ 0.5	
连续孔隙率	%	≥ 10	
强度等级	—	C20[2]	C30
抗压强度（28 d）	MPa[3]	≥ 20	≥ 30
弯拉强度（28 d）	MPa	≥ 2.5	≥ 3.5

资源来源：《透水水泥混凝土路面技术规程》。

对城市中老旧道路的修补与改建，应在路面结构强度达标，避免断板、裂缝与错台病害的前提下，对路面中平整度不足、结构损坏、易产生内涝积水的地区进行提升性修复。运用透水性沥青混合料、多孔隙稳定碎石等高透水率的补全材料对坑洼路面进行修复，提升其自身的雨水下渗能力。对于街区级道路而言，应根据具体的道路现状进行设计，在研究时所选择的样本街区中，除少数高档社区如仁恒海河广场的道路采用的是沥青混凝土材料，大多数为不透水的水泥混凝土道路，故街区出现的路面破损、裂缝、坑洼现象也比较明显，给暴雨峰时的径流排放造成了极大障碍。故在街区更新改造中应改造道路铺装，将现在不渗透的铺装改造为透水水泥混凝土、透水沥青混凝土等优质材料，对破损路面进行修复或替换。由于街区内部

[1]《透水水泥混凝土路面技术规程》（CJJ/T 135—2009）。
[2]《混凝土结构设计规范》规定，普通混凝土分为十四个等级，即C15、C20、C25、C30、C35、C40、C45、C50、C55、C60、C65、C70、C75、C80。例如，强度等级为C30是指30 MPa ≤混凝土立方体所受压强 <35 MPa。
[3] 在立方体极限抗压强度总体分布中，具有95%强度保证率的立方体试件抗压强度被称为混凝土立方体抗压强度标准值（以MPa计）。

道路一般为轻荷载道路，故可大面积采用透水路面材料，具体的街区透水路面改造参数如表7-6所示。

表7-6 街区透水路面改造参数

表层		透水层		蓄水层		渠下	
蓄水深度 /mm	2	厚度 /mm	150	高度 /mm	12	排水系数	0
表面粗糙程度	0.015	孔隙率	0.15	孔隙率	0.75	排水指数	0.5
表面坡度 /（%）	1.5	渗透性 /（mm·h^{-1}）	100	导水率 /（mm·h^{-1}）	0.5	偏移高度 /mm	6

透水铺装的布设应结合街区整体的空间与景观设计来考虑，对其位置、规模与形态需要进行详细的设计。首先，应预设场地的人群活动频率和强度、场地的荷载类型、大小等，考虑场地是否适宜步行交通，空隙中的植被是否能在长期停车的环境下存活等，根据具体的使用情景合理地进行透水铺装的类型选择；其次，透水铺装的布设应严格遵循场地条件，如坡度、土壤和地下结构等，同时结合考虑地表与地下排水设施；最后，透水铺装还需要进行孔隙清理、模块替换及除冰等维护工作，以延长使用寿命并保持其雨水下渗能力。

（2）建设屋顶绿化

建筑屋顶作为另一类面积占比较大的下垫面，不可采用透水铺装的形式使雨水下渗到建筑内部，而应选择其他方式进行改造。传统建筑屋顶雨水的改造方法一般有两种，一种是将原本的平屋顶改造为坡屋顶，这样雨水会顺坡流下，进入地表场地，解决了屋顶积水的问题，但此项措施加速了地表径流的累积速度，并不利于系统的整体韧性提升，所以在解决屋顶积水时，更多地采用另一种方法，即屋顶绿化。

屋顶绿化是指在建筑物、构筑物的露天部分如屋顶、天台、阳台等部位进行绿化种植和景观装饰，是一种非常有效的收集雨水、改善微环境的设施，其工作原理的实质是改硬质空间为绿化空间，创造多层次、复合式的绿色空间，如图7-50所示。现代的保水性绿色屋顶更具科学性与韧性，在屋顶结构上精心设计了景观系统和植物配置，下层土壤或生长介质 / 基质层厚度通常为300毫米至1500毫米，配以芯吸土工布进行被动灌溉，以保证屋顶水系统的循环往复，保水性屋顶绿化如图7-51所示。

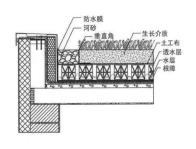

图 7-50 绿色屋顶实景

图 7-51 保水性屋顶绿化

2. 优化集水单元，实现径流过程削减

经过前端的产流阶段后，无法被场地蓄留的雨水即会转变为地表径流，这个阶段如果对其不加以削减与干涉，雨洪就会全部通过雨水口进入排水设施，当排水设施超载后便会发生内涝。因此，在街区中布置优化的集水单元，在径流阶段对暴雨进行削减是十分必要的手段。在径流阶段削减雨洪，一般是通过在径流行经的途径上布设集水单元来实现，目的是减少径流流量与减缓速度，延缓系统超载时间的到来，同时还可以对雨水进行存蓄，以便后期实现资源化利用。当前很多样本街区内的集水单元布置均存在一定的缺陷，如绿地标高过高等，使得其仅仅起到了增强下渗的作用，对地表径流的削减作用不大，在一定程度上造成了资源浪费。故在韧性提升阶段，绿地、水体与集水设施这三种集水单元对径流起到了主要的削减作用，其布局方式优化与形态设计策略如下。

（1）优化绿地集水单元

根据前文所述，在场地排水方向的上游布置分散式的绿地这一形式，可以达到最佳的雨洪削减效果。然而中心城区内用地有限、布局紧凑，难以单纯通过提升绿化率等方式来对雨洪韧性进行优化，在此情况下需要合理布设各类绿化设施，或提升单位面积绿地的雨洪管理效率，或将绿地与场地、道路等其他规划要素进行结合来提升韧性水平。

在高效的绿化集水设施之中，雨水花园是较为典型的，也是效果最为显著的雨水管理设施。雨水花园对绿化植被、砂石土壤及人工填料进行集成处理，结合穿孔管、溢流管等管网类设施，使雨水在达到植被层时被阻滞拦截，然后雨水再下渗，塑造了吸水、蓄水能力更强于自然地表的绿化设施，雨水花园结构图如图 7-52 所示。一般雨水花园都会结合社区的生态绿地或组团绿地布置，在提升韧性的同时还能够满足人群活动及景观塑造的要求，且建造工艺与材料成本并不高，所以是当前较为理想的一类韧性设施。

在实证研究中发现，很多绿地由于标高较高或缘石凸起阻挡了径流进入的路径，所以达不到应有的韧性效果。将靠近道路的绿地下沉、路缘石降坡，可以提高雨水流入绿地并被绿地吸收的效率，而下沉绿地也具有显著的雨洪韧性提升效果。一般意义上的下沉式绿地泛指具有一定的调蓄容积，且可用于储留并净化径流雨水的绿地。下沉式绿地的下凹深度应根据植物耐淹能力和其构成土壤的渗透性能来确定，一般设置为 100~200 mm。在下沉式绿地内一般应设置溢流口（如雨水口），以保证暴雨时径流的溢流排放，溢流口顶部标高一般应高于绿地 50~100 mm（图 7-53）。下沉式绿地建设费用和维护费用均较低，可被广泛应用于城市建筑与小区、道路、绿地和广场内，有效提升雨洪韧性，减少内涝灾害发生。但大面积地应用下沉绿地时，

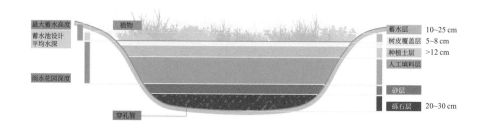

图 7-52　雨水花园结构图

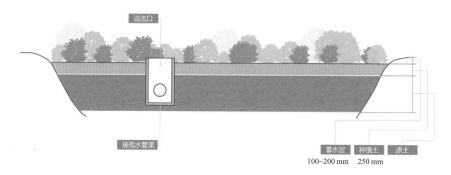

图 7-53　下沉式绿地结构示意图

街区易受地形等条件的影响，导致实际调蓄容积较小，故在进行韧性策略选择时，也需要注意做到具体地块具体分析。

除此之外，绿地植被类型的配置也对雨洪韧性效果有较大影响。在配置绿化植被时需要根据功能及景观需求选择不同类型的植被，形成良好的植物搭配效果，以满足最大化的韧性需求。无论是植草沟、雨水花园还是行道树、绿池，都需要选择符合当地土壤与气候特色且耐水性强的植物。如需要对应查询当地所属植物区及气候、土壤类型等植被生长条件，以选择合适的耐水植物，增强蓄水效能。以天津市为例，其主要的绿化树种为常绿落叶双子叶植物，故应根据耐水性植物名录来选择，如绒毛白蜡、悬铃木、冬青、海桐、石菖蒲、水葱等植物，并且合理配置乔木、灌木、花卉、草本与地被植物，塑造良好的垂直结构，形成乔木树冠承接、灌木阻隔、草本下渗的雨水处理模式。

（2）**优化水体集水单元**

水体可以直接吸取地表径流，实现径流削减要满足两方面的要求：一是形成畅通的地表径流——地表水体通道；二是拥有足够大的调蓄容积。要做到这两点需要将水体与设施进行良好的结合，这可以通过以下几种策略来实现。首先需要构建内部水体与管网连接模式。城市雨水管网系统所收集到的雨水一般最终都会被排入江河湖海等自然水体。同样，若街区内地表水体水面较大，形成水塘、景观湖或水网，便可以构建专门的内部管网与排水渠道，将雨水口、排水明渠等收集到的雨水和地表径流直接输送进入水体进行储存，避免增加上级子排水系统的压力。此类措施要求水体容积足够大，预留有足够的弹性调蓄空间。天津市南开区天娇源小区内的地表水体如图 7-54 所示。

图 7-54　天津市南开区天娇源小区内的地表水体

其次，街区应优化水体单元的形态与形式。街区地表水体往往有水池、水塘、湖泊、河流、明渠、湿地等多种形式，而雨洪韧性效果最佳的，往往是与环境、生物结合紧密且具有较好生态效应的水体形式。因为结合后的水体属性更加偏向自然水体的特征，不管是在雨水吸收还是在水质净化消纳等方面，效果都更为理想。若地表水体形成内河且有活水水源，能够形成流动循环，则不仅有助于快速进行雨水排放，而且能形成良好的景观生态效果。同时，内河的河道可以延伸至地块深处，比单一的集中式水体拥有更多的雨水接口，可以极大提升雨水收集效率。若无条件建设内河，则集中式水体应更多采取湿塘、湖泊的形式，少采取硬底的人工水池形式。当然，如果人工水池可以结合雨水净化与循环设施等，则可根据实际情况调整。街区内水系结合韧性措施剖面图如图7-55所示。

雨水下渗绿地　　街区内水系　　　　透水铺装下渗　　　　透水路面下渗

图7-55　街区内水系结合韧性措施剖面图

最后，由于自然和人工水体需要占据较大用地面积，所以在用地有局限的地方需要将水体集水单元以集水设施的形式设置，以提高单位面积的径流削减效率。典型的集水设施主要有蓄水池、调节塘、湿塘等。蓄水池指具有雨水储存功能的集蓄利用设施，同时也兼具在洪峰时削减径流的作用，一般有钢筋混凝土、砖石砌筑及塑料模块拼装等多种形式，城市中多采用地下封闭式蓄水池。传统蓄水池仅仅起到雨水集蓄的效果，储水量大但生态作用不明显，故仅仅在成本有限或可结合其他智能化设施时推荐使用。调节塘是由进水口、调节区、出口设施、护坡及堤岸构成的具有削减峰值径流功能的设施，通过生态化设计可以使其具有渗透功能，从而补充地下水并对雨水进行净化，调节塘构造示意图如图7-56所示。

　　湿塘一般是指可以进行雨水调蓄与净化的景观水体。在设计时可以结合绿地、广场等将河塘设置为多样化、多功能的综合开放空间。在平日里河塘作为基本的景观及休闲场地，在暴雨扰动来临时调蓄雨水，削减径流，发挥其作为集水单元的作用。湿塘一般由进水口、前置塘、主塘、溢流出水口、护坡及驳岸、维护通道等构成，在峰值径流的削减与过程径流的阻滞方面具有十分显著的作用，能够起到十分积极的韧性提升效果，但其应用也存在一定的局限性，即其对建设场地的条件有一定的要求，且其建设、运营与维护的成本较高，典型湿塘构造示意图如图7-57所示。

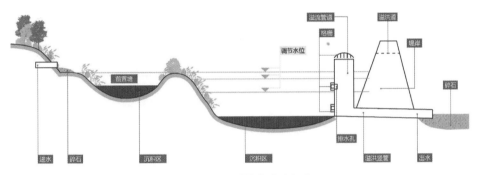

图 7-56　调节塘构造示意图

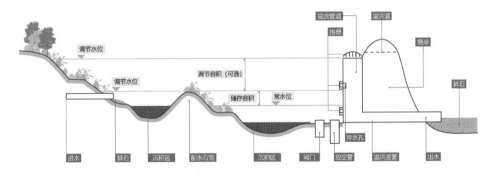

图 7-57　典型湿塘构造示意图

3. 优化排水设施，构建精明排水模式

　　对于排水设施，不能一味地扩容或无限制地扩充规格与提高质量，因为将所有雨水都排出场地会增加下游地区的排水负担，并且造成雨水资源的浪费，并不符合

韧性要求。所以应构建精明排水模式，加入新型的工程设施，使雨水能够实现储蓄不外排、雨水净化等目的；或是工程设施与绿色设施结合设计，使工程设施发挥其速排能力，绿色设施发挥其吸收能力，二者相互配合达成雨洪韧性目标。工程设施类韧性提升策略主要有以下几个方面。

（1）增设雨洪韧性工程设施

①管网适当扩容。雨水管网的布设应提升至一定密度，建立从建筑到组团、街区的多级管线体系，使每一层级产生的雨水都能够在本级得到一定程度的削减，由此层层减少地表径流的总量。管渠的管径也应相应增大，以此与增设的管网相配合，实现整体管网系统的扩容。中心城区部分建成时间较长的街区，由于其设计标准不高，很多街区管径并不能够满足当前的排水需求。对于此类街区，应统一对内部管线进行更新替换，采用管径更大、材质更加坚固光滑的雨水管渠。在有条件的新区开发建设中，应尝试采取地下综合管廊的做法，将雨污分流并集中设置于一个综合廊道内，这样既方便维修与更新管渠，又能够随时监控雨洪管理情况，方便对管网进行动态的监测与运营。

②优化雨水口。雨水口是在道路或场地上负责收集雨水的设施，地表径流通过雨水口下流至雨水井或雨水管渠内。雨水口应保持通畅、洁净，不能在雨水进入雨水口时产生阻滞或堵塞；同时应增加雨水口数量，特别是在街区排水实践中要及时排查存在严重溢流的雨水口所在区域，以提升此区域的雨水下排速率，缓解既有雨水口的压力。

③布置雨水净化装置。从韧性角度，将雨水从区域内排出并不是唯一目的，排水设施的主要功能虽然是实现雨水速排、外排，但仍有部分设施具有净化、再利用等韧性功能。此类设施主要有雨水沉砂除油器、雨水口除污器（图7-58）等，可以通过吸附、沉淀、过滤、旋流等方式，去除雨水中的沉淀物、悬浮颗粒与油脂，达到雨水水质净化的目的。在街区中，可以集中布置连接各个管线的雨水储存罐，将除污器、滤膜等结合雨水罐进行设置，经过处理净化的雨水可以留作街区平日的灌溉用水或景观用水。

（2）排水设施结合绿色设施

除了单一地运用工程类排水设施外，还可以将其与绿色设施结合，使雨水管网

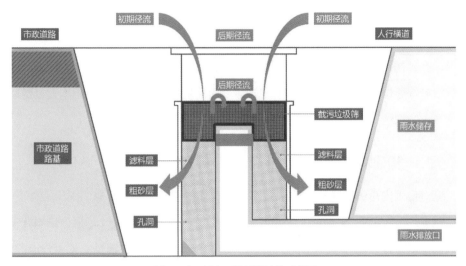

图 7-58　雨水口除污器结构示意图

通向街区水体就是一个很好的例子。在雨水花园、植草沟等设施内，都可以采取类似的做法，如在地面设置带除污器的雨水口，将其通过渠道连接至雨水花园中心绿地，可以将更大量的雨水输送至内部消解而非外排；或在街区内设置雨水净化调蓄池，将收集的雨水经过层层过滤净化后接入底层的管网，即可将净化后的雨水排入社区景观水体与雨水罐留用，如图 7-59 所示。

图 7-59　排水设施结合绿色设施

在所有的设施布设中，都可以尽量将工程设施与绿色设施结合。单一的工程设施机械、生硬，并不符合韧性要求；而单一的绿色设施存在雨水收集处理速度慢的问题，在暴雨洪峰时地表径流可能会超出其承载能力。故将两者结合，既可以发挥工程设施快速排流的优势，在洪峰时迅速转移大量地表径流，又可以将雨水大量蓄留，实现真正的韧性。

7.3.3 构建雨洪避难与应急管理系统

应对暴雨内涝的韧性研究除了关注雨洪管理与控制之外，对暴雨内涝灾害下的人员避难、应急管理、资源调配等都需要全面考虑。相关的城市电力、通信设施状态、建筑底层防水性、高于暴雨水位的应急避难空间等均是在灾害期具有重要作用的韧性因子。在街区级的韧性提升中，应根据相关因子特性及作用方式，从避难空间布局、设施配置与应急物资储备、韧性管理制度等方面研究韧性提升策略，构建完善的雨洪避难与应急管理系统。

1. 合理布局应急避难空间

应急避难空间一般指将人员从灾害情况严重的地段、建筑空间或地下空间紧急撤离，集中安置的预定安全空间，用于城市居民临时避难、接受医疗卫生救助、接受基本生活保障和进行物资调配、转运、发放和救援指挥，具备平时和灾时的转化功能的场所。针对暴雨内涝灾害的应急避难空间，应结合地区标高合理进行安排与布局，在详细调查街区周边自然条件和建设条件的基础上，整理分析可利用的各种可用空间，因地制宜地设置应急避难空间。

若街区所处地区标高较高，则可选择在街区内部进行应急避难，在改造设计中，可将街区内广场、大型停车场等开敞场地设置于街区标高较高处，作为暴雨内涝灾害到来时的应急避难空间；若街区所处地区标高较低，但毗邻城市公园或广场等大规模开放空间，可酌情降低街区内避难场所的设置指标，在灾时可借用临近的公园、广场等作为应急避难空间；若街区所处地区标高较低，周边亦无可紧急疏散的场地，则应在街区内选定建设条件良好、内部功能混合性较高的大型建筑作为应急避难的场所，当暴雨内涝灾害发生时，可以疏散人员到建筑内部进行紧急避险，等待暴雨洪峰消退。

2. 完善设施配置与应急物资储备

暴雨内涝灾害发生时可能会影响电力、通信设施的正常运行，应在街区内部设置应急供电设施，既能保证源动力系统的有序与稳定，还能紧急供应照明、通信与医疗等设施，使各个系统在灾害发生时仍能保持正常运转。街区内还应配置单独的移动式发电机，在平时可以作为备用电源设施，灾时可以与电网供电一起为社区照明、给排水泵等用电量较小的设施供电。

街区内应对各类应急物资进行战略性储备，包括应急救援类、雨洪相关设施类、能源照明信息类和应急生活类等储备品。应急救援类储备品包括医疗与救护用品、消防救援设施等，可分别用于紧急的治疗处理与人员的救援；雨洪相关设施储备品包括耐震性储水设备和给排水泵栓等，可分别用于维持人员生存与暴雨内涝战略点位的内涝排除；能源照明信息类储备品包括投光器、应急手电筒等移动式照明工具，以便在夜间灾害发生时帮助居民安全疏散，还可为开展夜间救援与避难活动提供帮助；应急生活类储备品包括避难生活物资，如帐篷等，还有衣服、食品等物资。街区内的各类设施及应急物资储备都应进行定期的检查与更新，保证其在雨洪扰动来临时能够迅速投入使用。

3. 提高韧性管理制度化水平

不同街区具有不同的构成人群与主体，如公共服务功能区，拥有固定的组织机构与运行体制，但人员也具有较高的流动性与复杂性；又如居住功能区，虽然有相应的物业管理公司，但街区主体是分散而数量较多的居民，存在话语权与事权的分离现象。如样本中的多数老旧居住社区中，大部分居民对公共环境的维护意识不强，存在私自开挖铺装、随意丢弃垃圾、乱搭乱建的行为，且物业公司与居委会并未制定相应的雨洪管理制度，面对雨洪只能被动等待其自然排干。故街区应根据自身的实际情况与组织架构模式，有针对性地制定韧性管理方法与制度。

在街区韧性的管理中，首先，应建立管理者、使用者协同参与的管理组织，制定完善的管理制度，详细确定平日中设施维护、绿化修整、雨水再利用的方法、权责与时间表，提出遭受暴雨内涝扰动时的防御措施与应对手段；其次，应提高人员对暴雨内涝灾害的重视度并提升社区韧性的主动性，开展社区培训与宣传，激发居民主人翁意识，使其能够主动快速应对灾害、统筹资金建设，并开展更新后系统的监督反馈和成果验收工作。

7.4 街区级韧性优化方案与模拟验证

结合街区级韧性提升策略，可以根据街区的具体建设情况选择最适宜的韧性提升方案，有如图 7-60 至图 7-63 所示的几种典型模式。根据功能类型的不同，分别从居住区、公共服务区及商业区中选取具有代表性的街区进行优化方案设计，并对方案实施前后的街区韧性进行模拟验证，从而得到对韧性优化改造策略的有效性判断。

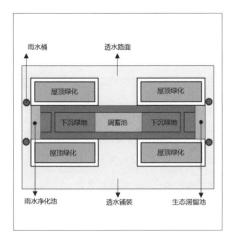

图 7-60　街区微单元雨洪韧性提升典型模式 a

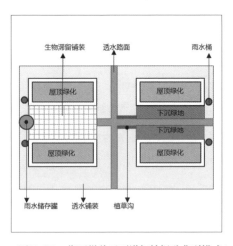

图 7-61　街区微单元雨洪韧性提升典型模式 b

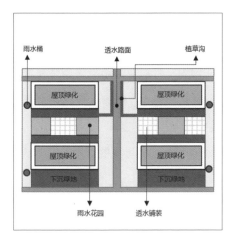

图 7-62　街区微单元雨洪韧性提升典型模式 c

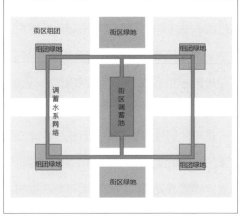

图 7-63　街区单元雨洪韧性提升典型模式 d

1. 居住功能区——四季村住区优化改造方案

四季村住区地处天津南开区天津大学西侧，在天津市老旧住区中较为典型，规划布局采用当时较为常见的行列式布局，建筑及基础设施设计标准较低，其周边区域存在大量条件相似的旧居住区。住区现有的韧性条件较差，基地周边的南丰路、湖滨道、湖影道均为城市支路，雨水承接能力不足，外部环境对于社区内雨水的吸纳与接收难度较大。住区内部个人私自营建、改造的建筑与构筑物较多，不透水的硬质铺装较多，绿地面积较少。四季村在管理方式上由属地街道组织牵头，但以社区自组织为主，现有的居民年龄结构、家庭结构差异较大。

通过实地勘察和访谈的方式调查住区内的暴雨内涝现象及其对居民造成的影响发现，住区内的积水现象十分严重；通过访谈得知，四季村的居民构成以老人为主，人们的出行等活动对物质空间环境的要求较高，因此对暴雨内涝灾害的反应更加敏感，雨后积水给居民生活带来的不便也更为突出，这也是很多老旧住区的普遍现象。

四季村住区在经过平整改造后，现有的场地空间主要由道路、广场、停车场组成，其中车行道路为不透水沥青混凝土，人行道路、广场均为不透水砖，现状绿地和树池覆土是街区下垫面仅有的透水区域，透水率为15.7%，故在优化改造中，需要对硬质场地的铺装材料进行替换。其内部道路均为轻荷载道路，故可大面积采用透水砖、透水沥青等材料替代不透水混凝土；公共活动空间的硬质场地可替换为植草砖和透水砖。四季村改造后住区与周边道路积水情况如图7-64所示。现状住宅楼前后均有尽端式道路覆盖，道路面积比率较高，挤压了绿化、公共活动空间等其他功能用地的空间。可以筛选非必要路段进行绿地柔化改造，将部分硬质道路铺装改造为可渗透绿地或小型蓄水池、雨水花园等，各种优化改造方案可以就组团现状条件进行合理配置，组团内不同空间优化方案如图7-65所示。

住区内的现状绿地形式均为高于周边地面10～15 cm的传统型绿池，不利于滞留雨水，可在改造时将普通绿地改造为下沉绿地，下沉深度为10 cm，并在有条件的绿地中实施增设部分成本相对低廉的雨水花园和植草沟等低影响开发措施，在减少雨水外排量的同时补充地下水资源。经方案计算，在不影响正常功能的前提下，可将住区绿地率提升至25%，可透水比例增加至65%。

住宅楼均为平屋顶建筑，在降雨时会迅速汇集径流排放至地面，优化改造中应

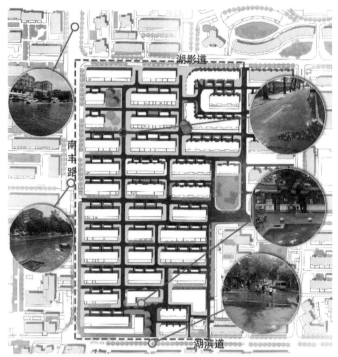

图 7-64　四季村改造后住区与周边道路积水情况

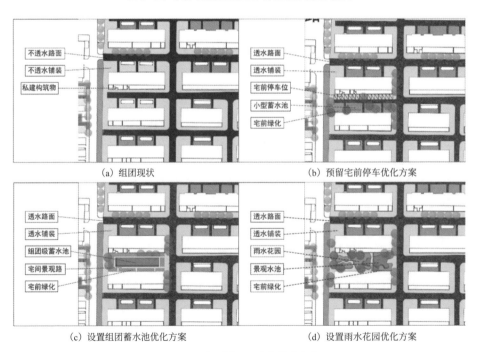

（a）组团现状

（b）预留宅前停车优化方案

（c）设置组团蓄水池优化方案

（d）设置雨水花园优化方案

图 7-65　组团内不同空间优化方案

对屋顶积水排放路径进行引导,增设一定数量的雨水收集设施。根据住区的现状条件,设置地下集水模块投资较高,维护困难,因此结合住宅建筑屋顶雨水排放系统设置成本低廉的雨水桶与小型储水罐是较为合理的优化措施。对应屋顶雨水管排水口位置与下方场地条件,住区可增设 49 个小型简易雨水收集桶和一个小型储水罐。绿化与屋顶优化改造方案如图 7-66 所示。

为验证上述策略的有效性,运用 SWMM 软件对采取优化措施的四季村住区雨洪韧性方案进行模拟。验证选取前文所述的四个重现期的降雨进行模拟,设置降雨历时为 2 小时,得到住区采取优化改造方案后的雨洪韧性优化情况,选取两年一遇、十年一遇降水情景下的排水模拟结果进行展示分析(图 7-67、图 7-68)。

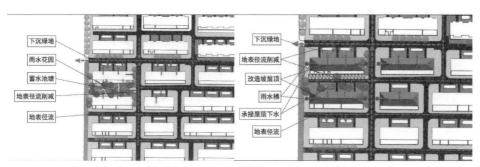

(a) 将雨水花园作为组团调蓄中心　　　　(b) 由下沉绿地与雨水桶承接屋顶下水

图 7-66　绿化与屋顶优化改造方案

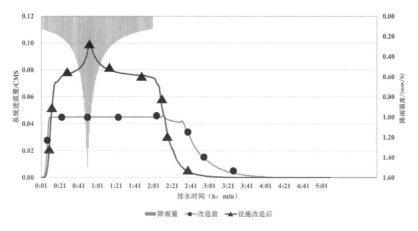

图 7-67　两年一遇降水情景下的排水模拟结果展示分析

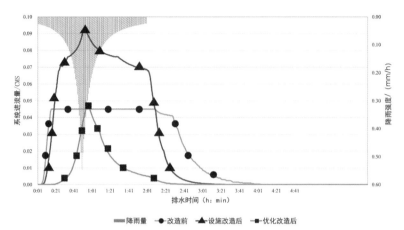

图 7-68 十年一遇降水情景下的排水模拟结果展示分析

由模拟结果可知，进行优化改造后的四季村住区雨洪韧性水平显著提升。其中，整体管网排水量大幅度降低，平均径流量控制率明显增高；在峰时表现方面，雨水堆积速率减缓，洪峰出现时间延缓至开始降水后的 45 ～ 50 分钟，且洪峰持续时间明显缩短（图 7-69、图 7-70），最长的十年一遇下的洪峰持续时间由 84 分钟下降至 35 分钟，提高了居民活动的自由度；在雨水利用方面，就地渗透并蓄留的雨水可以作为住区的景观、灌溉及生活用水，实现对水资源的集约利用，降低了住区经营成本；在外部效应方面，十年一遇径流外排水百分比下降 56%，提升了径流的内部消化能力，减轻了城市道路积水负担，降低了雨水外排的不经济性。

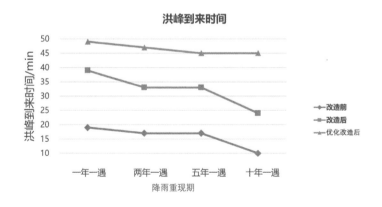

图 7-69　优化前后洪峰出现时间对比

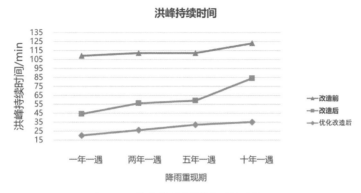

图 7-70　优化前后洪峰持续时间对比

2. 公共服务功能区——天津市文化中心（局部）

天津文化中心位于河西区，是天津市市级行政文化中心，整体占地面积约为 $90\,hm^2$，本书所选局部地区为文化中心东北角，占地约 $12.69\,hm^2$，包括阳光彩悦城、宝丽金酒店与天津青少年活动中心三大建筑及其附属场地。街区内部三大主体建筑屋顶面积较大，场地以硬质铺装为主，除地块西南侧的小型生态花园外，仅有行道树装点绿化空间，故整体场地不透水率较高。地块靠近天津大剧院内湖，大面积的水体可以调蓄大量的雨水，建筑与场地均向湖面打开，地表径流流入湖面的阻碍较少。地块内由于管理与养护得当，雨水口与雨水井等设施现状较为完好，未出现堵塞破损的情况。

天津文化中心的雨洪韧性问题主要是不渗透表面比率较大，场地内集中的绿地较少，且其覆土深度较浅，故场地雨洪产流量较大、蓄水能力较差，且采用完全外排的排水方式，其改造前现状如图 7-71 所示。在优化改造中，应加强源头控制与减排，增强场地的下渗与蓄水能力，让更多的雨水留在场地内。

以此进行优化改造方案设计。首先，将场地内的主要人行场地材料替换为透水铺装，增强其下渗能力；其次，对场地南部的绿地进行形式改造，开挖部分绿地，将其改造成为小型蓄水池，以弥补绿地覆土的不足，在较为开阔的场地通道上，增设小型景观水池；最后，根据主体建筑的结构强度与承载能力，进行屋顶绿化改造，在建筑屋顶增加绿化植被，将其改造成为具有一定蓄水能力的景观化平台，并在建筑各垂直排水管道下增设雨水桶。天津文化中心优化改造方案如图 7-72 所示。

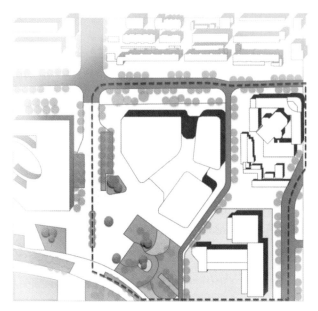

图 7-71　天津文化中心改造前现状

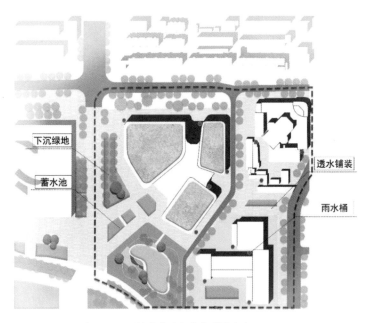

图 7-72　天津文化中心优化改造方案

通过 SWMM 模拟街区实施优化改造前后的数据可以看出，街区的系统进流量显著下降（图 7-73），街区对雨水的蓄留能力大大增强，减轻了排水设施系统的压力与外部承接系统的负担，提升了源头控制与减排能力，雨洪韧性得到明显增强。

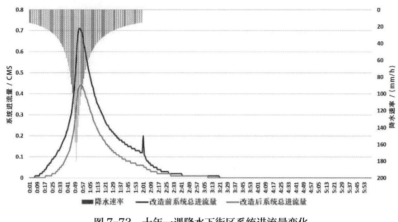

图 7-73　十年一遇降水下街区系统进流量变化

3. 商业功能区——估衣街商业片区

估衣街商业片区位于红桥区大胡同街道，西临北门外大街，东临金钟桥大街，北靠南运河南路，南至北马路，占地约 10 hm²，道路四通八达。估衣街自古为天津著名商业街，人群构成复杂且人流密集，活动流线也多有交叉，街区的径流产流量较大且积水严重，系统进流量也较少，说明街区排水系统功能也较差。结合调研分析可以发现，出现此类问题的原因是街区标高较低，整体在区域内形成了一个洼地，街区虽北临南运河，有良好的区域调蓄条件，但由于设计上的缺陷往往会发生严重内涝；其次，街区内绿地植被非常缺乏，各类雨水口等由于缺乏维护与修复出现堵塞，排水设施功能损坏严重。其改造前现状如图 7-74 所示。

针对街区的位置与建设条件对其进行优化改造。首先，拆除街区北部一栋阻挡街区向南运河排水的老旧建筑，对场地的整体标高进行适当调整，将地表坡向设计成为自南向北，同时对北部建筑之间的场地进行清理，疏通出四条通向南运河的雨水调蓄廊道；其次，在街区内新增四处下沉绿地，作为削减地表径流的缓冲带；同时对街区内的排水设施进行修整与完善，对雨水口进行清淤清堵，对管网进行适当扩容，并在建筑屋顶排水管下布置若干雨水桶，进行雨水收集。其优化改造方案如图 7-75 所示。

图 7-74 估衣街商业片区改造前现状

图 7-75 估衣街商业片区优化改造方案

通过 SWMM 模拟实施优化措施前后街区的雨洪韧性数据可知，改造后系统径流量显著降低，峰值径流由 10.29 CMS 降低至 5.73 CMS，堆积量明显减少（图 7-76）；同时，街区改造前积水内涝严重，雨水排除时间较长，下渗量较小。在优化改造后，平均下渗量提升近四倍，让更多的雨水蓄留在了场地，雨洪韧性得到了较大提升（图 7-77）。

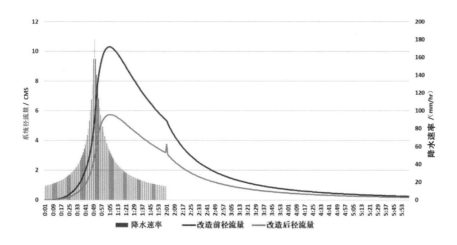

图 7-76 十年一遇降水情景下系统径流量变化

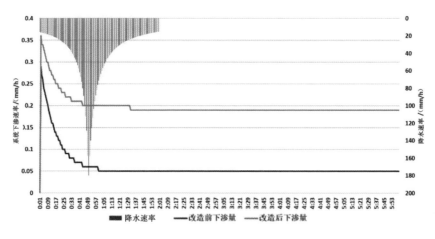

图 7-77 十年一遇降水情景下系统下渗量变化

结　语

近年来，城市韧性已经成为城市规划及其相关领域的重要理念，国内学术界和决策者对城市韧性理论的关注逐年增多，对城市韧性的研究也逐渐由理论层面的解析向其内在机理延伸，对韧性在城市乃至国家发展建设中的作用认知日益深刻，如"海绵城市""公园城市"目标的提出即体现出城市韧性思想开始在国家战略层面受到关注。但由于城市韧性理念进入国内学术界的时间尚短，目前的研究基本处于从韧性的概念总结、内容分类、比较研究向针对我国国情的实践研究演变，有关城市韧性的概念定义、属性特征等基本问题在经历了一段时间探讨后已形成一定的理论基础，人们对基本问题的认知逐渐达成共识，研究重点已由基本问题转入韧性城市的框架、评价指标、提升策略等内容，这标志着韧性理念从抽象概念向具体内涵的转变。目前，城市韧性的研究已经跨越了众多研究范畴，拓展至应对自然灾害、气候变化、风险管理、能源系统、工程、经济等方面，然而其研究的焦点仍然是解决气候变化和自然灾害引起的问题。未来的城市韧性研究应进一步拓展研究的广度和深度，尤其是城市韧性的系统性、实效性、制度性仍然需要深入研究。

8.1　城市韧性的系统性研究

从当前的既有研究可以看出，有关韧性的研究呈现出多学科、多尺度、多维度、多系统的特征。在研究领域方面，既有研究涉及了城乡规划、生态学、社会学、管理学等多个学科，但相关研究内容的逻辑性和全面性仍然有待深化；在研究尺度和维度方面，既有研究以宏观的区域和城市尺度为主，包括了城市的环境、经济、社会、管理等维度。在中微观尺度的研究相对较少，主要以社区为研究对象，研究重点集中在基于社会学的组织管理内容上；在研究的系统方面，以城市防灾系统为主，在交通、公共安全等方面也进行了探索。未来的韧性研究应以系统性原则为指导，建立多学科交叉融合下的城市韧性体系，针对不同城市和地区的具体情况制定适宜的韧性指标和应对策略。在战略层面注重城市韧性的基础研究，构建区域和城市的基本韧性指标体系，以适应其长远发展。在战术层面注重城市韧性的应用研究，提出近期主要实现的目标，落实具有针对性的核心韧性指标。在城市系统韧性研究的广度和深度之间取得平衡。在韧性研究的广度方面，注重环境设计、空间规划、基础设施、经济服务、社会制度、公共管理等与韧性相关维度的协同研究；在韧性研究的深度方面，注重单一系统或中微观尺度的韧性研究，如增强城市景观环境韧性的精细化设计和中微观尺度的韧性社区研究，通过具体的措施增加韧性实践，形成示范效应，进而带动城市整体韧性的提升。

8.2　城市韧性的实效性研究

从当前的既有研究可以看出，城市韧性在理论层面的成果相对较多，而实践层面的韧性设计相对较少。有关韧性框架、评价指标、提升策略的三大部分主体内容体现出韧性研究层层深入的趋势，前者为后者的基础，而评价指标作为连接理论框架与实践应用的桥梁，是韧性研究中的关键环节与难点，也是研究的发展趋势和热点问题。将抽象概念定量具化为具有操作性的评价标准，也是进一步将韧性理念落实到城市规划、城市管理等方面的重要需求。已有研究的目标多在于为城市管理决策、政策制定提供指导原则，而缺乏针对城市规划物质空间层面的设计方法与实施策略研究。然而，韧性理念必须通过具象的物质空间规划才能有效地指导城市建设，才能在其基础上提出相应的规划措施，使韧性从抽象理念转换为可操作的方法和策略。虽然一些研究已从宏观理念开始向城市物质空间规划过渡，但抽象理念与具象的城市物质空间环境仍未形成关联。因此，基于空间环境维度的研究应为近期城市规划领域韧性研究的重要发展方向。事实上提升策略是前两类研究方向在规划实施层面的具体延伸，应体现与理论框架、评价指标一脉相承的关系。笔者认为已有研究尚需深入挖掘韧性的作用机理，进一步明确提升策略与理论框架、评价指标之间的内在联系，增强提升策略的科学性。同时，应基于韧性的具体属性，明确韧性提升策略与传统城市规划策略之间的区别与联系，避免冠以"韧性"标签而无实质内涵的研究。另外，已有研究多限于单向的理论应用，实际案例支撑较少，今后的研究更应该注重理论与实际的结合，通过实践反馈、检验、修正理论研究的成果。

8.3 城市韧性的制度性研究

基于我国城市公共管理的特点和政府的主体作用，城市韧性应该得到更多的规范、政策、道德约束和宣传等方面的支持，成为城市规划和建设中不可或缺的发展理念。如海绵城市是应对水系统的建设模式，韧性城市则是具有应对外来扰动和灾害能力的城市，它注重城市系统自身的抵抗力、恢复力和适应性，具有更加重要的社会、经济价值和推广意义。具体来说，城市韧性的制度性研究主要包括三个方面内容。

① 在整个城市规划系统中，应将韧性理念与相关的城市系统紧密结合或者作为专项规划予以单独编制，从而提升城市韧性在城市发展建设中的重要作用。如在城市景观系统规划编制中融入韧性思维，可以在常规的物质空间景观规划中明确气候、土地、绿地植被和水体对城市生态韧性的影响，为具体的景观设计提供方向指引，避免景观规划和环境设计过分追求外在形象和功能要求，而忽视更加重要的生态、防灾和舒适度需求。通过基于韧性思维的景观规划，从多视角、多维度营造稳定的城市生态安全格局和景观环境。如果在城市总体规划或者控制性详细规划层面能够单独编制城市韧性系统规划，那么就更能起到直接的指导作用，更加有利于显著增强城市应对外来扰动的能力。

② 在实施韧性城市战略过程中，政府应发挥主体作用，制定科学的韧性城市建设技术导则和严格的制度保障体系，成为统筹各方参与者的枢纽。通过韧性城市技术导则对城市韧性策略的实施进行管控，明确不同地区需要达到的基本目标，对旧城改造和新城建设采取差异化的韧性提升措施，同时借鉴控制性详细规划中的容积率奖励办法，提出韧性奖励机制；借鉴欧洲、美国、新加坡、日本等地的制度建设机制，从中央和地方政府结合的层面强化韧性城市的法制和行政建设，设置专门的中央韧性城市发展办公室和地方韧性城市建设委员会，协调城市管理的各部门和相关的社会机构，共同参与韧性城市的建设。通过完善的技术管控和保障体系，构建科学的韧性管理系统。

③ 在韧性城市建设全过程贯彻社会监督和道德约束机制。基于互联网和智慧数

据平台，建立网络实时监督系统，鼓励全社会参与韧性城市建设，并推行奖惩机制。以韧性社区为基本单元进行韧性城市的宣传教育，提升全社会对气候变化和灾害风险的认知，实现未来人们自觉维护城市生态环境的目标。

城市韧性的研究是一个动态的、复杂的过程，尤其是对其内在作用机理的研究更是一个长期的过程，基于多学科的协同，从多维度、多视角进行城市韧性的研究是一个基本的切入点。从城市的发展需求来看，创建韧性城市需要理论和实践并重，把城市韧性的研究置于环境、经济、社会、管理等多层次的框架下，构建具有可操作性的实施框架，能够有效促进韧性城市的可持续研究。而在长期的韧性城市理论研究主线中需要以实践作为检验和促进研究的重要手段，通过一个城市、一个街区，甚至一个社区的实践探索，从不同地区和城市的自然、经济、社会、文化等实际情况出发，深入探讨影响城市韧性的主要因素，制定具有实效性的韧性提升策略。韧性城市理论和实践的融合研究，是增强城市风险防控综合能力，满足城市近期建设需求的必要措施。从长远来看，也是实现"城市建设，规划先行"的基本策略。

参考文献

[1] HOLLING C S. Resilience and stability of ecological systems[J]. Annual Review of Ecology and Systematics, 1973, 4: 1-23.

[2] BERKES F, FOLKE C, COLDING J. Linking social and ecological systems: management practices and social mechanisms for building resilience [M]. Cambridge: Cambridge University Press, 1998: 13-20.

[3] BENSAID A, HALL L O, BEZDEK C, et al. Validity-guided (re)clustering with applications to image segmentation [J]. IEEE Transactions on Fuzzy Systems, 1996, 4: 112-123.

[4] STARRY O. Liptan with Santen Jr. : sustainable stormwater management: a landscape-driven approach to planning and design [J]. Journal of the American Planning Association, 2019, 85(4): 591-592.

[5] NORRIS F H, STEVENS S P, PFEFFERBAUM B, et al. Community resilience as a metaphor, theory, set of capacities, and strategy for disaster readiness[J]. American Journal of Community Psychology, 2008, 41(1-2): 127-150.

[6] JABAREEN Y. Planning the resilient city: concepts and strategies for coping with climate change and environmental risk [J]. Cities, 2013, 31(2): 220-229.

[7] DESOUZA K C, FLANERY T H. Designing, planning, and managing resilient cities: a conceptual framework [J]. Cities, 2013, 35: 89-99.

[8] CUTTER S L, BARNES L, BERRY M, et al. A place-based model for understanding community resilience to natural disasters [J]. Global Environmental Change, 2008, 18(4): 598-606.

[9] ZHOU H J, WANG J A, WAN J H, et al. Resilience to natural hazards: a geographic perspective [J]. Natural Hazards, 2010, 53(1): 21-41.

[10] OSTROM E. Panarchy: understanding transformations in human and natural systems [J]. Ecological Economics, 2004, 49(4): 488-491.

[11] PROAG V. Assessing and measuring resilience[J]. Procedia Economics & Finance, 2014, 18: 222-229.

[12] BRUNEAU M, CHANG S E, EGUCHI R T, et al. A framework to quantitatively assess and enhance the seismic resilience of communities[J]. Earthquake Spectra, 2003, 19(4): 733-752.

[13] CHANG S E, SHINOZUKA M. Measuring improvements in the disaster resilience of communities [J]. Earthquake Spectra, 2004, 20(3): 739-755.

[14] CUTTER S L, ASH K D, EMRICH C T. The geographies of community disaster resilience[J]. Global Environmental Change, 2014, 29: 65-77.

[15] FRAZIER T G, THOMPSON C M, DEZZANI R J, et al. Spatial and temporal quantification of resilience at the community scale[J]. Applied Geography, 2013, 42(8): 95-107.

[16] SHARIFI A, YAMAGATA Y. Resilient urban planning: major principles and criteria[J]. Energy Procedia, 2014, 61: 1491-1495.

[17] ORENCIO P M, FUJII M. A localized disaster-resilience index to assess coastal communities based on an analytic hierarchy process (AHP) [J]. International Journal of Disaster Risk Reduction, 2013, 3(1): 62-75.

[18] STANDISH R J, HOBBS R J, MAYFIELD M M, et al. Resilience in ecology: abstraction, distraction, or where the action is? [J]. Biological Conservation, 2014, 177(9): 43-51.

[19] 刘江艳, 曾忠平. 弹性城市评价指标体系构建及其实证研究[J]. 电子政务, 2014 (3): 82-88.

[20] 郑艳, 翟建青, 武占云, 等. 基于适应性周期的韧性城市分类评价——以我国海绵城市与气候适应型城市试点为例[J]. 中国人口·资源与环境, 2018, 28(3): 31-38.

[21] 孙阳, 张落成, 姚士谋. 基于社会生态系统视角的长三角地级城市韧性度评价[J]. 中国人口·资源与环境, 2017, 27(8): 151-158.

[22] 李亚, 翟国方, 顾福妹. 城市基础设施韧性的定量评估方法研究综述[J]. 城市发展研究, 2016, 23(6): 113-122.

[23] CUTTER S L. The landscape of disaster resilience indicators in the USA[J]. Natural Hazards Journal of the International Society for the Prevention & Mitigation of Natural Hazards, 2016, 80(2): 1-18.

[24] SHARIFI A. A critical review of selected tools for assessing community resilience[J]. Ecological Indicators, 2016, 69: 629-647.

[25] SHARIFI A, YAMAGATA Y. On the suitability of assessment tools for guiding

communities towards disaster resilience [J]. International Journal of Disaster Risk Reduction, 2016, 18: 115-124.

[26] LARKIN S, FOX-LENT C, EISENBERG D A, et al. Benchmarking agency and organizational practices in resilience decision making[J]. Environment Systems & Decisions, 2015, 35(2): 185-195.

[27] SERRE D, BARROCA B, BALSELLS M, et al. Contributing to urban resilience to floods with neighbourhood design: the case of Am Sandtorkai/ Dalmannkai in Hamburg[J]. Journal of Flood Risk Management, 2018(11): S69-S83.

[28] WARDEKKER A, JONG A D, KNOOP J M, et al. Operationalising a resilience approach to adapting an urban delta to uncertain climate changes[J]. Technological Forecasting & Social Change, 2010, 77(6): 987-998.

[29] AHERN J. From fail-safe, to safe-to-fail: sustainability and resilience in the new urban world[J]. Landscape and Urban Planning, 2011, 100(4): 341-343.

[30] PEIWEN L, STEAD D. Understanding the notion of resilience in spatial planning: a case study of Rotterdam, the Netherlands[J]. Cities, 2013(35): 200-212.

[31] LEÓN J, MARCH A. Urban morphology as a tool for supporting tsunami rapid resilience: a case study of Talcahuano, Chile[J]. Habitat International, 2014, 43: 250-262.

[32] CHAN J, DUBOIS B, TIDBALL K G. Refuges of local resilience: community gardens in post-Sandy New York City [J]. Urban Forestry & Urban Greening, 2015, 14(3): 625-635.

[33] 廖桂贤, 林贺佳, 汪洋. 城市韧性承洪理论——另一种规划实践的基础[J]. 国际城市规划, 2015（2）: 36-47.

[34] 钱少华, 徐国强, 沈阳, 等. 关于上海建设韧性城市的路径探索[J]. 城市规划学刊, 2017(S1): 109-118.

[35] 申佳可, 王云才. 基于韧性特征的城市社区规划与设计框架[J]. 风景园林, 2017(3): 98-106.

[36] 王峤, 臧鑫宇, 陈天. 沿海城市适灾韧性技术体系建构与策略研究[C]//中国城市规划学会. 新常态: 传承与变革: 2015中国城市规划年会论文集. 北京: 中国建筑工业出版社, 2015: 1-10.

[37] 王峤, 臧鑫宇. 韧性理念下的山地城市公共空间生态设计策略[J]. 风景园林, 2017(4): 50-56.

[38] 王崭, 臧鑫宇, 夏成艳, 等. 基于韧性原则的社区步行景观设计策略——以天津梅江地区某社区规划为例[J]. 风景园林, 2018, 25(11): 40-45.

[39] 臧鑫宇, 焦娇, 王崭. 既有城区生态韧性问题解析与空间优化策略研究[J]. 城市建筑, 2019, 16(15): 34-38+55.

[40] 王逸轩, 臧鑫宇, 王崭, 等. 城市既有住区雨洪韧性提升策略研究[C]// 中国城市规划学会. 活力城乡美好人居: 2019年中国城市规划年会论文集. 北京: 中国建筑工业出版社, 2019: 1-9.

[41] MILETI D, NOJI E. Disasters by design: a reassessment of natural hazards in the United States [M]. Washington, D C: Joseph Henry Press, 1999: 65-104.

[42] PATON D, MILLAR M, JOHNSTON D. Community resilience to volcanic hazard consequences [J]. Natural Hazards, 2001, 24(2): 157-169.

[43] GODSCHALK D R. Urban hazard mitigation: creating resilient cities [J]. Natural Hazards Review, 2003, 4(3): 136-143.

[44] PFEFFERBAUM R L, PFEFFERBAUM B, HORN R, et al. The communities advancing resilience toolkit (CART): an intervention to build community resilience to disasters [J]. Journal of Public Health Management & Practice, 2013, 19(3): 250-258.

[45] KRASNY M E, TIDBALL K G. Applying a resilience systems framework to urban environmental education [J]. Environmental Education Research, 2009, 15(4): 465-482.

[46] ALLAN P, BRYANT M. Resilience as a framework for urbanism and recovery [J]. Journal of Landscape Architecture, 2011, 6(2): 34-45.

[47] 麦克哈格. 设计结合自然[M]. 芮经纬, 译. 天津: 天津大学出版社, 2006.

[48] 马什. 景观规划的环境学途径[M]. 朱强, 黄丽玲, 俞孔坚, 等译. 北京: 中国建筑工业出版社, 2006.

[49] 鲁钰雯, 翟国方, 施益军, 等. 荷兰空间规划中的韧性理念及其启示[J]. 国际城市规划, 2020, 35(1): 102-110+117.

[50] 姜宇道. 雨洪防涝视角下韧性社区评价体系及优化策略研究[D]. 天津: 天津大学, 2017.

[51] 褚冬竹. 对水的另一种态度: 荷兰建筑师欧道斯访谈及思考[J]. 中国园林, 2011(10): 53-57.

[52] 周正楠. 荷兰可持续居住区的水系统设计与管理[J]. 世界建筑, 2013（5）: 114-117.

[53] 沙永杰, 纪雁. 新加坡ABC水计划——可持续的城市水资源管理策略[J]. 国际城市规划, 2021, 36(4): 154-158.

[54] 马慧洁, 韩雪原. 水敏性城市设计的评价原则与应用研究——以美国波特兰地区为例[J]. 小城镇建设, 2017(4): 58-65.

[55] 车伍, 吕放放, 李俊奇, 等. 发达国家典型雨洪管理体系及启示[J]. 中国给水排水, 2009, 25(20): 12-17.

[56] 车伍, 闫攀, 赵杨, 等. 国际现代雨洪管理体系的发展及剖析[J] . 中国给水排水, 2014, 30(18): 45-51.

[57] 于立, 单锦炎. 西欧国家可持续性城市排水系统的应用[J] . 国外城市规划, 2004, 19(3): 51-56.

[58] 王建龙, 王明宇, 车伍, 等. 低影响开发雨水系统构建关键问题探讨[J]. 中国给水排水, 2015, 31(22): 6-12.

[59] VOGAL J R, MOORE T L , COFFMAN R R, et al. Critical review of technical questions facing low impact development and green infrastructure: a perspective from the great plains[J]. Water Environment Research, 2015, 87(9): 849-862.

[60] CHURCH S P. Exploring green streets and rain gardens as instances of small scale nature and environmental learning tools [J]. Landscape and Urban Planning, 2015, 134: 229-240.

[61] 李强. 低影响开发理论与方法述评[J]. 城市发展研究, 2013, 20(6): 30-35.

[62] 孔维东, 曾坚, 钟京. 城市既有社区防灾空间系统改造策略研究[J]. 建筑学报, 2014(2): 6-11.

[63] 赵晶. 城市化背景下的可持续雨洪管理[J]. 国际城市规划, 2012, 27(2): 114-119.

[64] 俞孔坚, 李迪华, 袁弘, 等. "海绵城市"理论与实践[J]. 城市规划, 2015, 39(6): 26-36.

[65] 李兰, 李锋. "海绵城市" 建设的关键科学问题与思考[J] . 生态学报, 2018, 38(7): 2599-2606.

[66] 赵银兵, 蔡婷婷, 孙然好, 等. 海绵城市研究进展综述: 从水文过程到生态恢复[J]. 生态学报, 2019, 39(13): 4638-4646.

[67] 王峤. 高密度环境下的城市中心区防灾规划研究[D]. 天津: 天津大学, 2013.

[68] 王峤, 李含嫣, 臧鑫宇. 应对暴雨内涝的城市建成环境韧性理论框架研究[J]. 建筑学报, 2022(S1): 18-23.

[69] 新版规范局部修订编制组. 2014版《室外排水设计规范》局部修订解读[J]. 给水排水, 2014(4): 7-11.

[70] 邹俊丽, 王文, 崔兆韵. 岱岳区洪涝风险评价及区划分析[J]. 山东农业大学学报（自然科学版）, 2014(2): 265-271.

[71] 韩松磊, 李田, 庄敏捷. 城市洪涝风险管理水平评价指标体系探讨[J]. 中国给水排水, 2015, 31(12): 7-10+15.

[72] 唐海吉, 李英冰, 张岩. 基于空间网格和AHP熵值法的武汉内涝风险评估[J]. 城市勘测, 2021(2): 18-23+28.

[73] 杨坚争, 郑碧霞, 杨立钒. 基于因子分析的跨境电子商务评价指标体系研究[J]. 财贸经济, 2014(9): 94-102.

[74] 臧鑫宇, 王峤. 城市韧性的概念演进、研究内容与发展趋势[J].科技导报, 2019, 37(22): 94-104.

[75] 李佳. 天津市气象灾害应急响应对策研究——以暴雨内涝为例[D]. 天津: 天津师范大学, 2014.

[76] 唐建国, 张悦, 梅晓洁. 城镇排水系统提质增效的方法与措施[J]. 给水排水, 2019, 45(4): 30-38.

[77] 邹明珠, 王艳春, 刘燕. 北京城市绿地土壤研究现状及问题[J]. 中国土壤与肥料, 2012(3): 1-6.

[78] 张亮, 梁骞, 刘应明, 等. 城市内涝防治设施规划方法创新与实践[M]. 北京: 中国建筑工业出版社, 2019.

[79] 王峤, 李含嫣, 臧鑫宇. 京津冀典型区域应对暴雨内涝的城市建成环境韧性研究——基于韧性单元类型谱系的分析[J]. 城市问题, 2022(09): 4-14.

附　　录

表 A-1　北京市片区级韧性单元信息

序号	1	2	3	4	5	6	7	8	9	10
单元编号	B-C-01	B-C-02	B-C-03	B-C-04	B-C-05	B-C-06	B-C-07	B-C-08	B-C-09	B-C-10
面积/km²	2.00	1.07	1.48	2.25	0.77	1.46	1.68	1.49	1.27	1.12
序号	11	12	13	14	15	16	17	18	19	20
单元编号	B-C-11	B-C-12	B-C-13	B-C-14	B-C-15	B-C-16	B-C-17	B-C-18	B-C-19	B-C-20
面积/km²	2.81	0.95	2.08	0.92	1.84	3.64	1.47	1.09	1.44	1.07
序号	21	22	23	24	25	26	27	28	29	30
单元编号	B-C-21	B-C-22	B-C-23	B-C-24	B-C-25	B-C-26	B-C-27	B-C-28	B-C-29	B-C-30
面积/km²	1.80	3.70	2.33	1.43	2.04	1.21	1.26	2.91	2.55	2.76
序号	31	32	33	34	35	36	37	38	39	40
单元编号	B-C-31	B-C-32	B-C-33	B-C-34	B-C-35	B-C-36	B-C-37	B-C-38	B-C-39	B-C-40
面积/km²	2.25	2.99	1.65	5.06	2.79	3.55	3.54	2.55	1.94	3.42
序号	41	42	43	44	45	46	47	48	49	50
单元编号	B-C-41	B-C-42	B-C-43	B-C-44	B-C-45	B-C-46	B-C-47	B-C-48	B-C-49	B-C-50
面积/km²	5.00	5.68	2.66	2.80	3.55	4.27	3.85	3.97	4.00	3.62
序号	51	52	53	54	55	56	57	58	59	60
单元编号	B-C-51	B-C-52	B-C-53	B-C-54	B-C-55	B-C-56	B-C-57	B-C-58	B-C-59	B-C-60
面积/km²	3.22	4.02	4.00	4.28	5.12	3.29	2.55	2.68	3.24	2.82
序号	61	62	63	64	65	66	67	68	69	70
单元编号	B-C-61	B-C-62	B-C-63	B-C-64	B-C-65	B-C-66	B-C-67	B-C-68	B-C-69	B-C-70
面积/km²	3.27	2.91	3.69	2.38	3.19	4.06	5.84	4.54	3.45	3.74
序号	71	72	73	74	75	76	77	78	79	80
单元编号	B-C-71	B-C-72	B-C-73	B-D-01	B-D-02	B-D-03	B-D-04	B-D-05	B-D-06	B-D-07
面积/km²	2.56	3.10	3.64	2.18	2.17	1.49	3.21	2.61	2.43	1.74

序号	81	82	83	84	85	86	87	88	89	90
单元编号	B-D-08	B-D-09	B-D-10	B-D-11	B-D-12	B-D-13	B-D-14	B-D-15	B-D-16	B-DX-01
面积/km²	1.49	3.86	2.61	3.16	2.93	4.10	2.06	2.75	3.07	4.32
序号	91	92	93	94	95	96	97	98	99	100
单元编号	B-DX-02	B-DX-03	B-DX-04	B-DX-05	B-DX-06	B-DX-07	B-DX-08	B-DX-09	B-DX-10	B-DX-11
面积/km²	2.62	2.56	3.83	3.13	1.96	4.44	3.96	3.48	3.54	2.20
序号	101	102	103	104	105	106	107	108	109	110
单元编号	B-DX-12	B-DX-13	B-F-01	B-F-02	B-F-03	B-F-04	B-F-05	B-F-06	B-F-07	B-F-08
面积/km²	3.07	2.05	2.88	1.29	2.47	3.38	3.38	1.43	4.50	1.38
序号	111	112	113	114	115	116	117	118	119	120
单元编号	B-F-09	B-F-10	B-F-11	B-F-12	B-F-13	B-F-14	B-F-15	B-F-16	B-F-17	B-F-18
面积/km²	3.35	1.33	2.81	4.17	4.60	3.08	3.03	4.38	2.51	3.13
序号	121	122	123	124	125	126	127	128	129	130
单元编号	B-F-19	B-F-20	B-F-21	B-F-22	B-F-23	B-F-24	B-F-25	B-F-26	B-F-27	B-F-28
面积/km²	2.26	3.75	3.61	3.72	4.45	3.53	3.75	3.41	3.25	4.63
序号	131	132	133	134	135	136	137	138	139	140
单元编号	B-F-29	B-F-30	B-F-31	B-F-32	B-F-33	B-F-34	B-F-35	B-F-36	B-F-37	B-F-38
面积/km²	2.85	5.18	3.20	4.03	2.99	2.41	2.83	2.30	2.73	3.26
序号	141	142	143	144	145	146	147	148	149	150
单元编号	B-F-39	B-F-40	B-F-41	B-F-42	B-F-43	B-F-44	B-F-45	B-F-46	B-F-47	B-F-48
面积/km²	4.14	3.82	3.21	2.57	1.25	4.08	3.68	2.45	4.02	5.28
序号	151	152	153	154	155	156	157	158	159	160
单元编号	B-F-49	B-F-50	B-F-51	B-F-52	B-H-01	B-H-02	B-H-03	B-H-04	B-H-05	B-H-06
面积/km²	5.03	2.77	4.31	4.22	2.05	2.09	2.74	1.96	2.11	2.27
序号	161	162	163	164	165	166	167	168	169	170
单元编号	B-H-07	B-H-08	B-H-09	B-H-10	B-H-11	B-H-12	B-H-13	B-H-14	B-H-15	B-H-16
面积/km²	3.36	1.85	2.18	1.98	1.75	1.59	2.01	2.29	2.94	3.46

序号	171	172	173	174	175	176	177	178	179	180
单元编号	B-H-17	B-H-18	B-H-19	B-H-20	B-H-21	B-H-22	B-H-23	B-H-24	B-H-25	B-H-26
面积/km²	2.15	2.61	1.46	2.80	2.37	2.02	3.11	2.63	2.44	2.15
序号	181	182	183	184	185	186	187	188	189	190
单元编号	B-H-27	B-H-28	B-H-29	B-H-30	B-H-31	B-H-32	B-H-33	B-H-34	B-H-35	B-H-36
面积/km²	2.35	1.48	0.90	1.82	1.12	2.17	1.97	2.59	2.30	2.58
序号	191	192	193	194	195	196	197	198	199	200
单元编号	B-H-37	B-H-38	B-H-39	B-H-40	B-H-41	B-H-42	B-H-43	B-H-44	B-H-45	B-H-46
面积/km²	1.53	3.24	1.50	2.19	1.55	1.48	1.14	2.27	2.35	2.26
序号	201	202	203	204	205	206	207	208	209	210
单元编号	B-H-47	B-H-48	B-H-49	B-H-50	B-H-51	B-H-52	B-H-53	B-H-54	B-H-55	B-H-56
面积/km²	1.51	2.49	1.33	2.20	1.71	1.04	1.57	1.25	1.16	2.66
序号	211	212	213	214	215	216	217	218	219	220
单元编号	B-H-57	B-H-58	B-H-59	B-H-60	B-H-61	B-H-62	B-H-63	B-H-64	B-H-65	B-H-66
面积/km²	1.14	1.14	2.28	1.14	1.22	1.95	3.57	2.90	1.00	1.01
序号	221	222	223	224	225	226	227	228	229	230
单元编号	B-H-67	B-H-68	B-H-69	B-H-70	B-H-71	B-H-72	B-H-73	B-S-01	B-S-02	B-S-03
面积/km²	1.47	0.96	1.61	1.52	2.76	0.90	2.66	3.39	3.72	2.51
序号	231	232	233	234	235	236	237	238	239	240
单元编号	B-S-04	B-S-05	B-X-01	B-X-02	B-X-03	B-X-04	B-X-05	B-X-06	B-X-07	B-X-08
面积/km²	1.75	3.12	1.61	2.79	1.05	2.26	1.46	1.84	2.73	2.52
序号	241	242	243	244	245	246	247	248	249	250
单元编号	B-X-09	B-X-10	B-X-11	B-X-12	B-X-13	B-X-14	B-X-15	B-X-16	B-X-17	B-X-18
面积/km²	1.50	1.78	2.75	2.65	1.83	1.67	3.64	3.78	3.21	2.94
序号	251	252								
单元编号	B-X-19	B-X-20								
面积/km²	1.94	4.27								

表 A-2 天津市片区级韧性单元信息

序号	1	2	3	4	5	6	7	8	9	10
单元编号	T-B-01	T-B-02	T-B-03	T-B-04	T-B-05	T-B-06	T-B-07	T-B-08	T-B-09	T-B-10
面积/km²	1.04	1.22	2.44	1.62	1.83	1.04	2.10	0.86	2.29	3.46
序号	11	12	13	14	15	16	17	18	19	20
单元编号	T-B-09	T-B-10	T-B-11	T-B-12	T-B-13	T-B-14	T-B-15	T-BC-01	T-BC-02	T-BC-03
面积/km²	1.93	1.87	1.17	1.53	1.65	1.96	1.87	1.08	2.45	1.85
序号	21	22	23	24	25	26	27	28	29	30
单元编号	T-BC-04	T-BC-05	T-BC-06	T-BC-07	T-BC-08	T-BC-09	T-BC-10	T-BC-11	T-BC-12	T-BC-13
面积/km²	3.08	3.01	1.45	3.77	1.62	2.00	4.12	2.26	3.98	3.39
序号	31	32	33	34	35	36	37	38	39	40
单元编号	T-BC-14	T-BC-15	T-BC-16	T-BC-17	T-BC-18	T-BC-19	T-BC-20	T-BC-21	T-BC-22	T-D-01
面积/km²	4.01	3.93	2.67	4.05	3.31	3.79	2.70	3.27	1.72	1.44
序号	41	42	43	44	45	46	47	48	49	50
单元编号	T-D-02	T-D-03	T-D-04	T-D-05	T-D-06	T-D-07	T-D-08	T-D-09	T-D-10	T-D-11
面积/km²	1.54	3.62	3.04	1.79	0.77	1.81	1.01	2.66	3.23	2.53
序号	51	52	53	54	55	56	57	58	59	60
单元编号	T-D-12	T-D-13	T-D-14	T-D-15	T-D-16	T-D-17	T-D-18	T-D-19	T-D-20	T-DL-01
面积/km²	2.19	1.74	2.04	3.85	2.98	1.61	2.42	2.87	2.52	2.00
序号	61	62	63	64	65	66	67	68	69	70
单元编号	T-DL-02	T-DL-03	T-DL-04	T-DL-05	T-DL-06	T-DL-07	T-DL-08	T-DL-09	T-DL-10	T-DL-11
面积/km²	2.47	2.57	4.57	2.91	3.34	2.63	2.60	3.48	2.16	3.33
序号	71	72	73	74	75	76	77	78	79	80
单元编号	T-J-01	T-J-02	T-J-03	T-J-04	T-J-05	T-N-01	T-N-02	T-N-03	T-N-04	T-N-05
面积/km²	2.24	1.93	2.33	2.35	3.74	1.57	1.88	0.85	1.17	0.74
序号	81	82	83	84	85	86	87	88	89	90
单元编号	T-N-06	T-N-07	T-N-08	T-N-09	T-N-10	T-N-11	T-N-12	T-N-13	T-N-14	T-N-15
面积/km²	1.21	0.78	2.96	1.69	0.97	1.34	0.93	1.16	1.90	1.35

序号	91	92	93	94	95	96	97	98	99	100
单元编号	T-N-16	T-N-17	T-N-18	T-N-19	T-N-20	T-N-21	T-N-22	T-N-23	T-N-24	T-N-25
面积/km²	0.79	1.14	2.49	1.15	1.15	1.85	1.95	0.70	2.30	1.11
序号	101	102	103	104	105	106	107	108	109	110
单元编号	T-N-26	T-N-27	T-N-28	T-P-01	T-P-02	T-P-03	T-P-04	T-P-05	T-P-06	T-P-07
面积/km²	2.51	2.33	3.42	0.79	0.94	0.95	1.60	0.85	0.84	0.93
序号	111	112	113	114	115	116	117	118	119	120
单元编号	T-P-08	T-P-09	T-Q-01	T-Q-02	T-Q-03	T-Q-04	T-Q-05	T-Q-06	T-Q-07	T-Q-08
面积/km²	1.05	1.92	0.87	2.18	1.41	1.81	1.25	1.21	1.37	1.81
序号	121	122	123	124	125	126	127	128	129	130
单元编号	T-Q-09	T-Q-10	T-Q-11	T-Q-12	T-Q-13	T-Q-14	T-Q-15	T-Q-16	T-X-01	T-X-02
面积/km²	1.23	1.33	1.03	1.11	0.82	1.51	0.63	0.47	1.21	2.78
序号	131	132	133	134	135	136	137	138	139	140
单元编号	T-X-03	T-X-04	T-X-05	T-X-06	T-X-07	T-X-08	T-X-09	T-X-10	T-X-11	T-X-12
面积/km²	1.67	0.81	0.91	0.76	1.67	0.94	2.01	1.77	1.88	1.18
序号	141	142	143	144	145	146	147	148	149	150
单元编号	T-X-13	T-X-14	T-X-15	T-X-16	T-X-17	T-X-18	T-X-19	T-X-20	T-X-21	T-XQ-01
面积/km²	2.63	2.31	2.47	2.11	1.85	2.05	2.85	2.52	1.94	1.25
序号	151	152	153	154	155	156	157	158	159	160
单元编号	T-XQ-02	T-XQ-03	T-XQ-04	T-XQ-05	T-XQ-06	T-XQ-07	T-XQ-08	T-XQ-09	T-XQ-10	T-XQ-11
面积/km²	2.16	2.40	2.95	1.84	3.22	2.55	1.89	2.19	3.29	3.33
序号	161	162	163	164						
单元编号	T-XQ-12	T-XQ-13	T-XQ-14	T-XQ-15						
面积/km²	2.14	3.70	2.83	2.41						

表 A-3　石家庄市片区级韧性单元信息

序号	1	2	3	4	5	6	7	8	9	10
单元编号	S-C-01	S-C-02	S-C-03	S-C-04	S-C-05	S-C-06	S-C-07	S-C-08	S-C-09	S-C-10
面积/km²	1.31	2.35	1.87	2.53	2.33	1.14	1.09	1.50	1.38	1.64
序号	11	12	13	14	15	16	17	18	19	20
单元编号	S-C-11	S-C-12	S-C-13	S-C-14	S-C-15	S-C-16	S-C-17	S-C-18	S-C-19	S-C-20
面积/km²	1.40	0.92	1.59	1.74	1.72	1.14	0.99	1.44	1.67	1.05
序号	21	22	23	24	25	26	27	28	29	30
单元编号	S-Q-01	S-Q-02	S-Q-03	S-Q-04	S-Q-05	S-Q-06	S-Q-07	S-Q-08	S-Q-09	S-Q-10
面积/km²	2.05	0.87	1.44	0.93	1.41	0.94	1.55	1.41	1.24	1.56
序号	31	32	33	34	35	36	37	38	39	40
单元编号	S-Q-11	S-Q-12	S-Q-13	S-Q-14	S-Q-15	S-Q-16	S-Q-17	S-Q-18	S-Q-19	S-Q-20
面积/km²	1.50	1.31	0.91	1.14	1.48	1.25	1.78	1.39	1.25	1.66
序号	41	42	43	44	45	46	47	48	49	50
单元编号	S-Q-21	S-Q-22	S-X-01	S-X-02	S-X-03	S-X-04	S-X-05	S-X-06	S-X-07	S-X-08
面积/km²	1.15	0.98	1.81	0.64	1.51	0.99	1.31	1.59	1.63	1.35
序号	51	52	53	54	55	56	57	58	59	60
单元编号	S-X-09	S-X-10	S-X-11	S-X-12	S-X-13	S-X-14	S-X-15	S-X-16	S-X-17	S-Y-01
面积/km²	1.57	1.23	1.46	1.74	1.32	1.76	1.09	1.00	0.79	1.45
序号	61	62	63	64	65	66	67	68	69	70
单元编号	S-Y-02	S-Y-03	S-Y-04	S-Y-05	S-Y-06	S-Y-07	S-Y-08	S-Y-09	S-Y-10	S-Y-11
面积/km²	1.39	1.76	2.03	2.21	1.69	3.05	2.18	1.94	1.12	2.17
序号	71									
单元编号	S-Y-12									
面积/km²	2.81									

表 B-1　京津冀典型区域韧性单元类型谱系

北京			天津		
单元编号	类型	级别	单元编号	类型	级别
B-C-01	LB-LD-HS-HP	II 级	T-B-01	HB-LD-LS-HP	V 级
B-C-02	LB-LD-LS-HP	II 级	T-B-02	LB-LD-LS-HP	V 级
B-C-03	LB-LD-LS-LP	III 级	T-B-03	LB-LD-LS-HP	IV 级
B-C-04	LB-HD-HS-HP	IV 级	T-B-04	HB-HD-HS-HP	V 级
B-C-05	LB-HD-HS-HP	V 级	T-B-05	LB-HD-LS-LP	V 级
B-C-06	LB-LD-LS-LP	II 级	T-B-06	HB-HD-HS-HP	V 级
B-C-07	LB-HD-LS-LP	V 级	T-B-07	HB-LD-LS-HP	V 级
B-C-08	HB-HD-LS-LP	IV 级	T-B-08	LB-LD-LS-LP	III 级
B-C-09	HB-HD-HS-HP	IV 级	T-B-09	LB-HD-HS-LP	IV 级
B-C-10	LB-LD-HS-HP	IV 级	T-B-10	HB-HD-HS-HP	IV 级
B-C-11	LB-LD-HS-HP	III 级	T-B-11	HB-HD-HS-HP	VIII 级
B-C-12	HB-HD-HS-LP	III 级	T-B-12	HB-HD-LS-LP	IV 级
B-C-13	LB-LD-LS-LP	II 级	T-B-13	HB-HD-LS-HP	III 级
B-C-14	HB-HD-HS-HP	VI 级	T-B-14	HB-LD-LS-LP	V 级
B-C-15	LB-HD-LS-LP	III 级	T-B-15	HB-HD-HS-LP	IV 级
B-C-16	LB-LD-HS-HP	IV 级	T-B-16	HB-LD-LS-LP	IV 级
B-C-17	LB-LD-LS-LP	III 级	T-B-17	LB-HD-LS-HP	IV 级
B-C-18	HB-HD-HS-HP	VII 级	T-BC-01	LB-LD-LS-LP	III 级
B-C-19	LB-LD-LS-LP	II 级	T-BC-02	LB-LD-HS-HP	V 级
B-C-20	HB-HD-LS-LP	VI 级	T-BC-03	LB-HD-HS-HP	V 级
B-C-21	LB-HD-LS-LP	IV 级	T-BC-04	LB-HD-HS-HP	V 级
B-C-22	LB-LD-LS-LP	II 级	T-BC-05	LB-LD-LS-HP	III 级
B-C-23	HB-HD-HS-LP	V 级	T-BC-06	HB-HD-HS-HP	VI 级
B-C-24	LB-HD-HS-HP	V 级	T-BC-07	LB-HD-HS-HP	IV 级
B-C-25	LB-HD-HS-HP	III 级	T-BC-08	LB-LD-LS-HP	III 级
B-C-26	LB-LD-LS-LP	III 级	T-BC-09	LB-HD-HS-HP	V 级
B-C-27	HB-HD-HS-HP	V 级	T-BC-10	LB-LD-LS-HP	IV 级
B-C-28	LB-LD-LS-HP	IV 级	T-BC-11	LB-HD-HS-HP	V 级
B-C-29	LB-HD-HS-HP	V 级	T-BC-12	LB-HD-HS-HP	VI 级
B-C-30	HB-HD-HS-LP	IV 级	T-BC-13	LB-LD-LS-HP	IV 级
B-C-31	LB-LD-HS-HP	III 级	T-BC-14	LB-HD-HS-HP	III 级
B-C-32	HB-HD-HS-LP	IV 级	T-BC-15	LB-HD-HS-HP	II 级
B-C-33	HB-HD-HS-LP	III 级	T-BC-16	LB-LD-LS-HP	II 级
B-C-34	LB-HD-LS-LP	III 级	T-BC-17	HB-LD-LS-LP	III 级
B-C-35	LB-LD-LS-HP	IV 级	T-BC-18	LB-LD-LS-HP	II 级
B-C-36	HB-HD-HS-HP	V 级	T-BC-19	LB-LD-LS-HP	III 级
B-C-37	LB-HD-HS-HP	V 级	T-BC-20	LB-HD-HS-LP	IV 级

北京			天津		
单元编号	类型	级别	单元编号	类型	级别
B-C-38	HB-HD-HS-HP	VI级	T-BC-21	LB-LD-LS-HP	II级
B-C-39	HB-HD-LS-LP	III级	T-BC-22	LB-HD-HS-HP	III级
B-C-40	LB-HD-HS-HP	VI级	T-D-01	HB-HD-LS-LP	VI级
B-C-41	HB-LD-HS-HP	III级	T-D-02	HB-LD-LS-HP	III级
B-C-42	LB-LD-HS-HP	III级	T-D-03	LB-HD-LS-LP	IV级
B-C-43	HB-HD-LS-LP	IV级	T-D-04	LB-LD-LS-LP	IV级
B-C-44	LB-LD-LS-LP	IV级	T-D-05	HB-LD-LS-LP	V级
B-C-45	LB-HD-LS-LP	IV级	T-D-06	HB-HD-LS-HP	V级
B-C-46	HB-LD-HS-HP	IV级	T-D-07	HB-LD-LS-HP	V级
B-C-47	HB-HD-HS-HP	IV级	T-D-08	LB-LD-LS-LP	II级
B-C-48	HB-HD-LS-LP	V级	T-D-09	LB-HD-LS-HP	III级
B-C-49	HB-HD-LS-LP	IV级	T-D-10	LB-HD-LS-LP	IV级
B-C-50	HB-HD-HS-HP	IV级	T-D-11	LB-LD-LS-LP	III级
B-C-51	HB-HD-LS-LP	VI级	T-D-12	HB-HD-HS-HP	V级
B-C-52	HB-LD-LS-LP	III级	T-D-13	HB-HD-LS-LP	IV级
B-C-53	HB-HD-LS-LP	IV级	T-D-14	HB-LD-LS-LP	III级
B-C-54	HB-LD-LS-LP	II级	T-D-15	HB-LD-LS-LP	III级
B-C-55	HB-HD-LS-LP	IV级	T-D-16	LB-LD-LS-HP	IV级
B-C-56	LB-LD-LS-LP	III级	T-D-17	HB-HD-HS-HP	VI级
B-C-57	HB-HD-LS-LP	IV级	T-D-18	LB-LD-LS-LP	III级
B-C-58	HB-LD-LS-LP	III级	T-D-19	HB-HD-HS-HP	VI级
B-C-59	HB-LD-HS-LP	V级	T-D-20	HB-HD-HS-HP	IV级
B-C-60	HB-LD-HS-LP	IV级	T-DL-01	LB-HD-HS-HP	IV级
B-C-61	HB-LD-LS-LP	II级	T-DL-02	LB-LD-HS-HP	III级
B-C-62	HB-LD-LS-HP	II级	T-DL-03	LB-LD-HS-HP	II级
B-C-63	HB-LD-HS-HP	V级	T-DL-04	LB-LD-HS-HP	II级
B-C-64	HB-LD-HS-LP	V级	T-DL-05	LB-LD-LS-HP	III级
B-C-65	HB-HD-HS-HP	III级	T-DL-06	LB-LD-HS-HP	III级
B-C-66	HB-LD-LS-LP	II级	T-DL-07	LB-LD-HS-HP	IV级
B-C-67	HB-LD-LS-LP	II级	T-DL-08	LB-LD-HS-HP	III级
B-C-68	HB-LD-LS-LP	II级	T-DL-09	LB-LD-HS-HP	III级
B-C-69	HB-LD-LS-LP	III级	T-DL-10	LB-HD-LS-HP	IV级
B-C-70	HB-HD-HS-HP	III级	T-DL-11	LB-HD-LS-HP	IV级
B-C-71	HB-LD-LS-LP	II级	T-J-01	LB-LD-LS-HP	III级
B-C-72	HB-LD-HS-HP	V级	T-J-02	LB-LD-LS-HP	IV级
B-C-73	HB-LD-HS-HP	IV级	T-J-03	LB-LD-HS-HP	IV级
B-D-01	HB-HD-HS-HP	V级	T-J-04	LB-LD-LS-LP	II级

北京			天津		
单元编号	类型	级别	单元编号	类型	级别
B-D-02	LB-LD-LS-LP	IV 级	T-J-05	HB-HD-HS-HP	IV 级
B-D-03	LB-LD-LS-LP	III 级	T-N-01	HB-LD-LS-LP	IV 级
B-D-04	LB-LD-LS-LP	II 级	T-N-02	LB-LD-LS-HP	IV 级
B-D-05	HB-LD-LS-HP	III 级	T-N-03	HB-HD-LS-LP	III 级
B-D-06	HB-HD-HS-LP	IV 级	T-N-04	HB-HD-HS-LP	V 级
B-D-07	HB-HD-HS-HP	V 级	T-N-05	HB-HD-LS-LP	IV 级
B-D-08	HB-HD-LS-LP	V 级	T-N-06	HB-HD-LS-LP	V 级
B-D-09	HB-HD-LS-LP	III 级	T-N-07	HB-HD-HS-HP	VI 级
B-D-10	HB-HD-LS-LP	V 级	T-N-08	HB-LD-LS-HP	IV 级
B-D-11	HB-HD-LS-LP	V 级	T-N-09	HB-HD-LS-LP	IV 级
B-D-12	HB-HD-LS-LP	V 级	T-N-10	LB-LD-LS-HP	V 级
B-D-13	HB-HD-HS-HP	VII 级	T-N-11	HB-HD-HS-LP	VI 级
B-D-14	HB-HD-LS-LP	IV 级	T-N-12	LB-LD-LS-LP	IV 级
B-D-15	HB-LD-HS-HP	V 级	T-N-13	HB-HD-HS-LP	V 级
B-D-16	HB-HD-LS-LP	III 级	T-N-14	HB-HD-HS-LP	IV 级
B-DX-01	HB-LD-LS-LP	III 级	T-N-15	HB-LD-LS-LP	IV 级
B-DX-02	LB-LD-LS-LP	IV 级	T-N-16	HB-HD-HS-HP	V 级
B-DX-03	HB-LD-LS-HP	IV 级	T-N-17	LB-LD-LS-LP	III 级
B-DX-04	HB-LD-LS-LP	IV 级	T-N-18	HB-HD-LS-HP	V 级
B-DX-05	HB-LD-LS-LP	III 级	T-N-19	HB-HD-LS-LP	IV 级
B-DX-06	HB-LD-LS-LP	III 级	T-N-20	LB-HD-LS-HP	VI 级
B-DX-07	HB-LD-LS-HP	III 级	T-N-21	HB-HD-LS-LP	IV 级
B-DX-08	HB-LD-HS-HP	IV 级	T-N-22	LB-LD-LS-LP	III 级
B-DX-09	HB-LD-LS-LP	III 级	T-N-23	LB-LD-LS-LP	IV 级
B-DX-10	HB-LD-HS-HP	IV 级	T-N-24	HB-HD-HS-HP	VII 级
B-DX-11	HB-LD-LS-HP	IV 级	T-N-25	HB-HD-LS-LP	IV 级
B-DX-12	HB-LD-LS-HP	III 级	T-N-26	LB-LD-LS-HP	VII 级
B-DX-13	HB-LD-LS-HP	II 级	T-N-27	LB-LD-LS-HP	VI 级
B-F-01	LB-HD-LS-LP	III 级	T-N-28	LB-LD-LS-LP	IV 级
B-F-02	HB-LD-LS-LP	IV 级	T-P-01	LB-LD-LS-LP	IV 级
B-F-03	HB-LD-LS-HP	II 级	T-P-02	HB-HD-LS-LP	V 级
B-F-04	HB-HD-LS-LP	III 级	T-P-03	HB-HD-LS-LP	VII 级
B-F-05	HB-LD-HS-LP	V 级	T-P-04	HB-HD-HS-HP	V 级
B-F-06	HB-LD-HS-LP	V 级	T-P-05	HB-HD-HS-LP	VI 级
B-F-07	HB-HD-HS-HP	V 级	T-P-06	HB-HD-LS-LP	VI 级
B-F-08	HB-HD-HS-HP	III 级	T-P-07	HB-HD-HS-LP	V 级
B-F-09	HB-HD-HS-HP	VI 级	T-P-08	HB-HD-LS-LP	IV 级

北京			天津		
单元编号	类型	级别	单元编号	类型	级别
B-F-10	HB-HD-HS-HP	V 级	T-P-09	LB-LD-LS-LP	IV 级
B-F-11	HB-HD-LS-LP	IV 级	T-Q-01	HB-HD-HS-HP	IV 级
B-F-12	HB-HD-LS-LP	IV 级	T-Q-02	LB-LD-LS-HP	IV 级
B-F-13	HB-HD-LS-LP	III 级	T-Q-03	HB-HD-HS-HP	VI 级
B-F-14	HB-HD-HS-HP	III 级	T-Q-04	LB-LD-LS-HP	III 级
B-F-15	HB-HD-HS-HP	III 级	T-Q-05	LB-HD-HS-HP	III 级
B-F-16	HB-HD-HS-HP	V 级	T-Q-06	LB-LD-LS-LP	IV 级
B-F-17	HB-LD-HS-HP	III 级	T-Q-07	HB-HD-HS-HP	V 级
B-F-18	HB-LD-HS-HP	IV 级	T-Q-08	LB-LD-LS-LP	III 级
B-F-19	HB-LD-HS-HP	IV 级	T-Q-09	LB-LD-LS-LP	III 级
B-F-20	HB-HD-LS-LP	IV 级	T-Q-10	LB-LD-LS-LP	III 级
B-F-21	HB-HD-LS-LP	IV 级	T-Q-11	LB-LD-LS-HP	III 级
B-F-22	HB-HD-HS-HP	IV 级	T-Q-12	HB-HD-HS-LP	VI 级
B-F-23	HB-HD-LS-LP	II 级	T-Q-13	LB-LD-LS-LP	V 级
B-F-24	HB-HD-LS-LP	IV 级	T-Q-14	HB-HD-HS-HP	VI 级
B-F-25	HB-HD-HS-HP	IV 级	T-Q-15	HB-HD-HS-HP	VI 级
B-F-26	HB-HD-LS-LP	IV 级	T-Q-16	HB-HD-LS-LP	VI 级
B-F-27	HB-HD-HS-HP	IV 级	T-X-01	LB-LD-LS-HP	V 级
B-F-28	HB-LD-LS-LP	II 级	T-X-02	HB-HD-LS-HP	VI 级
B-F-29	HB-HD-HS-HP	V 级	T-X-03	HB-HD-LS-LP	V 级
B-F-30	HB-LD-LS-LP	III 级	T-X-04	LB-LD-LS-LP	VI 级
B-F-31	HB-LD-LS-LP	IV 级	T-X-05	LB-LD-LS-LP	IV 级
B-F-32	HB-HD-LS-LP	IV 级	T-X-06	LB-LD-LS-LP	IV 级
B-F-33	HB-HD-LS-LP	IV 级	T-X-07	HB-LD-LS-HP	IV 级
B-F-34	HB-HD-LS-LP	III 级	T-X-08	LB-LD-LS-LP	IV 级
B-F-35	HB-HD-LS-LP	III 级	T-X-09	HB-HD-HS-HP	VI 级
B-F-36	HB-HD-LS-LP	IV 级	T-X-10	HB-HD-HS-LP	V 级
B-F-37	HB-HD-HS-HP	V 级	T-X-11	LB-LD-LS-LP	III 级
B-F-38	HB-HD-LS-LP	III 级	T-X-12	HB-HD-LS-HP	V 级
B-F-39	HB-LD-LS-HP	III 级	T-X-13	LB-LD-LS-HP	IV 级
B-F-40	HB-LD-LS-HP	III 级	T-X-14	HB-HD-LS-HP	IV 级
B-F-41	HB-LD-LS-HP	IV 级	T-X-15	HB-HD-LS-HP	III 级
B-F-42	HB-LD-LS-LP	II 级	T-X-16	LB-LD-LS-LP	III 级
B-F-43	HB-LD-LS-LP	IV 级	T-X-17	LB-LD-LS-LP	III 级
B-F-44	HB-LD-LS-LP	III 级	T-X-18	LB-LD-HS-HP	IV 级
B-F-45	HB-HD-HS-HP	V 级	T-X-19	LB-HD-LS-LP	IV 级
B-F-46	HB-LD-LS-LP	IV 级	T-X-20	LB-HD-HS-HP	III 级

北京			天津		
单元编号	类型	级别	单元编号	类型	级别
B-F-47	HB-LD-HS-HP	VI 级	T-X-21	LB-LD-LS-HP	IV 级
B-F-48	HB-LD-HS-LP	III 级	T-XQ-01	HB-HD-HS-HP	VI 级
B-F-49	HB-LD-HS-LP	IV 级	T-XQ-02	HB-HD-HS-HP	III 级
B-F-50	HB-LD-HS-LP	IV 级	T-XQ-03	HB-HD-HS-HP	IV 级
B-F-51	HB-LD-LS-LP	III 级	T-XQ-04	LB-LD-HS-HP	V 级
B-F-52	HB-LD-LS-LP	II 级	T-XQ-05	HB-HD-HS-HP	IV 级
B-H-01	LB-HD-HS-HP	IV 级	T-XQ-06	LB-HD-LS-LP	III 级
B-H-02	LB-LD-HS-HP	III 级	T-XQ-07	HB-HD-HS-HP	VI 级
B-H-03	LB-HD-HS-HP	V 级	T-XQ-08	HB-HD-HS-HP	V 级
B-H-04	LB-LD-HS-HP	II 级	T-XQ-09	LB-HD-LS-LP	IV 级
B-H-05	LB-LD-HS-HP	III 级	T-XQ-10	LB-HD-LS-LP	IV 级
B-H-06	HB-LD-HS-HP	IV 级	T-XQ-11	LB-LD-LS-HP	IV 级
B-H-07	LB-HD-HS-HP	V 级	T-XQ-12	HB-HD-HS-HP	IV 级
B-H-08	LB-HD-HS-HP	IV 级	T-XQ-13	LB-LD-HS-HP	V 级
B-H-09	LB-LD-LS-HP	VI 级	T-XQ-14	LB-HD-HS-HP	IV 级
B-H-10	LB-HD-LS-LP	III 级	T-XQ-15	LB-LD-LS-LP	IV 级
B-H-11	HB-HD-HS-LP	III 级	石家庄		
B-H-12	LB-LD-HS-HP	II 级	单元编号	类型	级别
B-H-13	LB-HD-HS-HP	IV 级	S-C-01	LB-HD-HS-LP	III 级
B-H-14	HB-LD-HS-HP	III 级	S-C-02	LB-LD-LS-LP	IV 级
B-H-15	LB-HD-HS-HP	III 级	S-C-03	HB-LD-HS-HP	VI 级
B-H-16	HB-HD-HS-LP	IV 级	S-C-04	LB-HD-LS-LP	III 级
B-H-17	HB-HD-HS-HP	VI 级	S-C-05	LB-LD-LS-LP	III 级
B-H-18	LB-HD-HS-HP	V 级	S-C-06	HB-LD-HS-HP	IX 级
B-H-19	LB-HD-HS-HP	VII 级	S-C-07	LB-LD-HS-LP	V 级
B-H-20	LB-HD-HS-HP	VI 级	S-C-08	HB-LD-HS-HP	VII 级
B-H-21	LB-LD-HS-HP	III 级	S-C-09	LB-HD-LS-HP	VII 级
B-H-22	LB-LD-LS-HP	V 级	S-C-10	HB-HD-LS-LP	IV 级
B-H-23	HB-HD-LS-LP	IV 级	S-C-11	LB-HD-LS-LP	V 级
B-H-24	HB-LD-HS-HP	V 级	S-C-12	HB-HD-HS-LP	VII 级
B-H-25	HB-LD-HS-LP	III 级	S-C-13	LB-HD-LS-LP	IV 级
B-H-26	HB-HD-HS-HP	IV 级	S-C-14	LB-LD-LS-LP	VI 级
B-H-27	LB-LD-HS-HP	II 级	S-C-15	HB-LD-HS-HP	VII 级
B-H-28	LB-LD-LS-HP	IV 级	S-C-16	LB-LD-HS-HP	VIII 级
B-H-29	LB-LD-HS-HP	II 级	S-C-17	HB-HD-LS-LP	IV 级
B-H-30	HB-HD-HS-HP	VI 级	S-C-18	LB-HD-LS-LP	III 级
B-H-31	LB-LD-HS-HP	III 级	S-C-19	LB-HD-LS-LP	V 级

北京			石家庄		
单元编号	类型	级别	单元编号	类型	级别
B-H-32	LB-HD-HS-HP	V 级	S-C-20	LB-LD-HS-HP	V 级
B-H-33	HB-HD-HS-HP	VI 级	S-Q-01	HB-HD-LS-LP	VI 级
B-H-34	HB-HD-HS-HP	V 级	S-Q-02	HB-LD-HS-HP	VI 级
B-H-35	LB-HD-LS-LP	IV 级	S-Q-03	HB-HD-HS-HP	VIII 级
B-H-36	HB-HD-HS-HP	III 级	S-Q-04	HB-LD-HS-HP	VII 级
B-H-37	LB-LD-LS-LP	II 级	S-Q-05	LB-LD-LS-LP	III 级
B-H-38	LB-HD-HS-HP	IV 级	S-Q-06	HB-HD-LS-LP	V 级
B-H-39	LB-LD-HS-HP	III 级	S-Q-07	HB-HD-HS-LP	VII 级
B-H-40	HB-HD-HS-HP	V 级	S-Q-08	LB-LD-LS-LP	IV 级
B-H-41	HB-HD-HS-HP	III 级	S-Q-09	HB-HD-LS-LP	IV 级
B-H-42	HB-HD-HS-HP	III 级	S-Q-10	LB-HD-LS-LP	III 级
B-H-43	HB-HD-HS-HP	V 级	S-Q-11	LB-HD-LS-LP	V 级
B-H-44	HB-HD-HS-HP	V 级	S-Q-12	LB-HD-LS-LP	VII 级
B-H-45	HB-HD-HS-HP	IV 级	S-Q-13	LB-LD-HS-LP	IV 级
B-H-46	LB-HD-HS-HP	VII 级	S-Q-14	HB-LD-LS-HP	VII 级
B-H-47	HB-HD-LS-LP	IV 级	S-Q-15	HB-HD-LS-HP	VII 级
B-H-48	HB-HD-LS-LP	IV 级	S-Q-16	HB-LD-LS-HP	VI 级
B-H-49	LB-LD-HS-HP	III 级	S-Q-17	LB-LD-LS-LP	III 级
B-H-50	LB-LD-LS-HP	II 级	S-Q-18	HB-LD-HS-HP	VII 级
B-H-51	LB-HD-HS-HP	III 级	S-Q-19	LB-LD-HS-LP	IV 级
B-H-52	HB-HD-HS-HP	IV 级	S-Q-20	LB-LD-HS-HP	V 级
B-H-53	HB-HD-HS-HP	IV 级	S-Q-21	LB-HD-LS-LP	IV 级
B-H-54	LB-HD-LS-LP	IV 级	S-Q-22	HB-LD-HS-HP	V 级
B-H-55	HB-HD-HS-LP	V 级	S-X-01	HB-HD-LS-LP	IV 级
B-H-56	HB-LD-HS-HP	V 级	S-X-02	LB-HD-LS-HP	VII 级
B-H-57	LB-LD-LS-LP	I 级	S-X-03	LB-LD-HS-LP	IV 级
B-H-58	HB-HD-HS-HP	VIII 级	S-X-04	HB-HD-HS-HP	VIII 级
B-H-59	HB-HD-HS-LP	V 级	S-X-05	HB-HD-LS-HP	V 级
B-H-60	LB-HD-LS-LP	VI 级	S-X-06	HB-HD-LS-LP	VIII 级
B-H-61	HB-HD-HS-LP	V 级	S-X-07	LB-LD-HS-LP	III 级
B-H-62	HB-HD-HS-LP	IV 级	S-X-08	HB-LD-LS-HP	V 级
B-H-63	HB-HD-LS-LP	III 级	S-X-09	HB-HD-LS-LP	IV 级
B-H-64	HB-HD-HS-LP	III 级	S-X-10	HB-HD-HS-LP	VIII 级
B-H-65	HB-HD-HS-HP	V 级	S-X-11	HB-HD-LS-LP	VI 级
B-H-66	LB-HD-HS-HP	III 级	S-X-12	LB-HD-LS-LP	IV 级
B-H-67	HB-HD-HS-HP	V 级	S-X-13	LB-LD-HS-LP	IV 级
B-H-68	HB-HD-HS-HP	V 级	S-X-14	HB-HD-LS-LP	V 级

（续表）

北京			石家庄		
单元编号	类型	级别	单元编号	类型	级别
B-H-69	HB-HD-HS-LP	IV 级	S-X-15	LB-LD-HS-HP	VI 级
B-H-70	LB-HD-LS-LP	IV 级	S-X-16	HB-LD-LS-HP	VI 级
B-H-71	HB-HD-HS-LP	V 级	S-X-17	HB-LD-HS-LP	V 级
B-H-72	HB-HD-HS-HP	VII 级	S-Y-01	HB-LD-HS-HP	VI 级
B-H-73	LB-LD-LS-LP	I 级	S-Y-02	HB-LD-LS-HP	VII 级
B-S-01	HB-LD-HS-HP	V 级	S-Y-03	LB-HD-LS-LP	VI 级
B-S-02	HB-HD-HS-HP	V 级	S-Y-04	LB-HD-LS-LP	V 级
B-S-03	LB-LD-LS-LP	III 级	S-Y-05	LB-LD-HS-LP	V 级
B-S-04	HB-HD-HS-HP	VII 级	S-Y-06	LB-HD-LS-HP	VI 级
B-S-05	LB-HD-LS-LP	II 级	S-Y-07	HB-HD-LS-LP	VIII 级
B-X-01	HB-LD-HS-LP	III 级	S-Y-08	LB-HD-HS-HP	VIII 级
B-X-02	HB-LD-LS-LP	III 级	S-Y-09	LB-HD-HS-HP	VII 级
B-X-03	LB-LD-LS-LP	III 级	S-Y-10	LB-HD-LS-LP	VI 级
B-X-04	LB-LD-LS-LP	III 级	S-Y-11	LB-HD-LS-LP	IV 级
B-X-05	HB-HD-HS-HP	IV 级	S-Y-12	LB-HD-LS-LP	V 级
B-X-06	HB-HD-HS-HP	V 级			
B-X-07	HB-HD-LS-LP	IV 级			
B-X-08	HB-HD-HS-LP	IV 级			
B-X-09	LB-HD-LS-LP	IV 级			
B-X-10	HB-HD-HS-LP	IV 级			
B-X-11	HB-HD-LS-LP	V 级			
B-X-12	HB-HD-LS-LP	III 级			
B-X-13	HB-HD-HS-HP	VI 级			
B-X-14	HB-LD-LS-LP	VI 级			
B-X-15	HB-HD-LS-LP	V 级			
B-X-16	HB-HD-LS-LP	IV 级			
B-X-17	HB-HD-LS-LP	IV 级			
B-X-18	HB-LD-LS-LP	IV 级			
B-X-19	HB-HD-LS-LP	IV 级			
B-X-20	HB-HD-HS-HP	VI 级			

表 C-1　子汇水区所属雨水系统与调蓄面积

子汇水区编号	所属雨水系统	调蓄面积 /hm²
和平 01	海河	343
和平 02	海河	130
和平 03	海河	173
和平 04	海河	222
和平 05	海河	11
和平 06	海河	95
河北 01	北运河	13
河北 02	北运河	329
河北 03	新开河	96
河北 04	新开河	174
河北 05	新开河	413
河北 06	新开河	122
河北 07	新开河	239
河北 08	海河	259
河北 09	新开河	73
河北 10	海河	183
河北 11	海河	88
河北 12	海河	248
河北 13	北塘排水河	401
河北 14	北塘排水河	176
河北 15	海河	90
河北 16	北塘排水河	119
河东 01	海河	28
河东 02	海河	168
河东 03	北塘排水河	147
河东 04	北塘排水河	102
河东 05	海河	223
河东 06	海河	276
河东 07	海河	202
河东 08	海河	273
河东 09	海河	345
河东 10	海河	145
河东 11	海河	293
河东 12	海河	113
河东 13	海河	131
河东 14	海河	360
河东 15	自调	35
河东 16	海河	202

子汇水区编号	所属雨水系统	调蓄面积 /hm²
河东 17	自调	185
河东 18	海河	257
河东 19	海河	63
河东 20	海河	234
河东 21	海河	266
河西 01	海河	139
河西 02	海河	92
河西 03	自调	15
河西 04	海河	156
河西 05	海河	45
河西 06	海河	130
河西 07	海河	124
河西 08	自调	27
河西 09	海河	201
河西 10	海河	297
河西 11	海河	92
河西 12	海河	56
河西 13	海河	72
河西 14	海河	95
河西 15	海河	117
河西 16	海河	252
河西 17	海河	268
河西 18	海河	173
河西 19	海河	249
河西 20	海河	239
河西 21	海河	222
河西 22	海河	281
河西 23	海河	244
河西 24	海河	84
河西 25	外运河	122
红桥 01	北运河	251
红桥 02	北运河	185
红桥 03	自调	75
红桥 04	子牙河	233
红桥 05	子牙河	246
红桥 06	子牙河	252
红桥 07	子牙河	76

子汇水区编号	所属雨水系统	调蓄面积 /hm²
红桥 08	子牙河	34
红桥 09	子牙河	7
红桥 10	南运河	253
红桥 11	南运河	4
红桥 12	南运河	173
红桥 13	南运河	186
红桥 14	南运河	5
红桥 15	海河	80
南开 01	南运河	154
南开 02	陈台子河	380
南开 03	陈台子河	111
南开 04	海河	153
南开 05	自调	45
南开 06	海河	130
南开 07	海河	156
南开 08	海河	48
南开 09	海河	171
南开 10	海河	113
南开 11	海河	89
南开 12	海河	105
南开 13	海河	131
南开 14	海河	51
南开 15	陈台子河	32
南开 16	陈台子河	269
南开 17	陈台子河	126
南开 18	海河	176
南开 19	自调	203
南开 20	海河	51
南开 21	陈台子河	162
南开 22	外环河	55
南开 23	外环河	261
南开 24	海河	299
南开 25	自调	207
南开 26	外环河	453

表 C-2　各雨水泵站名称与设计流速

泵站编号	泵站名称	设计流速 / (m³/s)
1	南仓西道	13.5
2	子牙河北	8
3	津浦地道	0.61
4	小稍口	10
5	子牙河南	9
6	咸阳桥	6.1
7	红卫桥地道	0.08
8	红旗地道	0.749
9	八一	8.3
10	西于庄	8
11	红塔寺	6.84
12	古北道	10
13	南口路地道	0.645
14	榆关道地道	1.315
15	育婴堂	7.5
16	大虹桥	2.5
17	桥南	2.32
18	仓联庄地道	0.606
19	志成道地道	0.121
20	盐坨桥	3.9
21	八马路地道	0.101
22	张兴庄	13
23	泰兴路	3.86
24	红星桥	10
25	思源路	12.5
26	三元村	6
27	芥园西道	2.4
28	西站西	7
29	西纵	1.74
30	柳家胡同	10
31	明珠	5
32	密云路	10
33	咸阳路	6.7
34	长江道	6
35	清化祠	4.4
36	狮子林桥	2.4
37	金纬路	5.32
38	北站地道	1.1

泵站编号	泵站名称	设计流速/（m³/s）
39	民权门	10
40	金钟路地道	0.405
41	金沙江	3.86
42	丹江东路	13
43	小树林	3
44	新开路地道	1.5
45	金纬路地道	0.47
46	增产道	7.34
47	化工路	6
48	华昌道地道	1.4
49	建国道	7
50	水阁大街	2
51	城厢东路	7.4
52	大沽桥地道	0.162
53	大沽北路	12
54	赤峰桥	0.4
55	赤峰桥地道	0.24
56	李公楼	6.6
57	卫国道地道	0.66
58	程林庄地道	0.695
59	九经路地道	1.061
60	小张贵路地道	0.6
61	唐口	5.721
62	真理道	14
63	万松	8.4
64	卫国道	10
65	昆仑路	6.66
66	东风地道	0.628
67	月牙河	6.14
68	南大桥	10
69	虎丘路	6
70	保定桥	0.25
71	太原道	6.8
72	大光明桥	0.285
73	南站	12
74	上海道	6
75	台儿庄路	2
76	台儿庄路地道	2

泵站编号	泵站名称	设计流速 /（m³/s）
77	湘江道	14.24
78	大直沽	12
79	河道	6
80	郑庄子	8
81	大沽南路	11
82	换水	3
83	换水	3
84	柳林	9
85	陈塘	20
86	郁江道	8
87	太湖路	14
88	解放南路	6.8
89	梅江	8.7
90	货场	4
91	友谊路	6
92	西园道	8.52
93	纪庄子	3
94	凌宾路	13.9
95	体院北	7
96	广东路	4.3
97	谦德庄	2.4
98	气象台路	2.7
99	电台道	5
100	崇明路	9
101	宾水道地道	1
102	华苑	12
103	迎水道地道	1
104	王顶堤	7
105	天拖南	3.86
106	南大西	6
107	北草坝	9.6
108	西湖道	3.86
109	广开四马路	8
110	南丰路	3.3
111	双峰道	3.86
112	赤龙河	6.4
113	复兴门	6
114	雅安道	2.4
115	七马路	8
116	本溪路	6.84

后　记

21 世纪是中国城市发展的爆发期，也是世界范围内城市问题的呈现期和自省期。从生态城市、绿色城市、低碳城市到韧性城市，社会各界有识之士不断发现城市问题并试图解决这些问题，而这条探索之路注定不会是坦途，尤其是在我国。我国陆地国土面积约占世界陆地面积的6.44%，却承载了世界上近 20% 的人口。因此，探寻高质量的城市发展模式是我国的一项十分艰巨的任务。

2021 年，我国常住人口城镇化率达到了 64.72%，我国城市在城市功能、人居环境、城市治理方面取得了辉煌成就。而不断出现的城市问题深刻地说明了经济、社会、文化、环境的可持续发展尚需长期的不懈努力，不断更新迭代的城乡规划思想也在引导着城市和乡村的发展方向。

韧性城市延续了生态城市理论和可持续发展思想，以气候变化和自然灾害为核心研究议题，涵盖了生态学、城乡规划学、城市防灾学、城市经济学、城市社会学等众多学科，为新时期的城市可持续发展提供了新思路。暴雨内涝是当前城市综合防灾、生态规划和韧性城市研究的核心议题，本书以城市韧性研究为基础进行暴雨内涝的研究，同时融入生态规划方法和量化分析手段，从空间规划角度探索城市空间环境要素对城市安全和健康发展的支撑作用，从而深化和优化城市韧性的理论和方法体系。

本书是国家自然科学基金资助下的阶段性研究成果，其中的一些问题和结论还有待在下一阶段的研究中持续深化。城市韧性研究是一个长期的、复杂的过程，我们希望能以本书作为韧性城市研究的起点，唤起各个领域的学者对韧性城市的关注，也希望能为关注这一领域的学者和设计师提供一些有用的资料。同时，我们也借本书的出版再次呼吁社会各界关注城市绿色发展和生态文明建设这一终极目标。

臧鑫宇

2022 年 9 月 1 日于天津大学